PMC WAGNER GROUP

ワグネル
プーチンの秘密軍隊

マラート・ガビドゥリン 著
小泉悠 監訳
中市和孝 訳

東京堂出版

フランス語版出版に際して
（出版社ミシェル・ラフォン）

マラート・ガビドゥリンの著書を刊行する企画は二〇二二年春に生まれた。「リベラシヨン」紙のロシア問題専門家ヴェロニカ・ドルマンを通じて、ジャーナリストであり映画製作者でもあるクセニア・ボルシャコヴァとアレクサンドラ・ジュセの二女史が、ワグネルの傭兵を取り上げたドキュメンタリーを準備していると知った時からである。ドキュメンタリー「ワグネル　影のロシア傭兵部隊」は二〇二二年二月二二日に放送予定だった。ボルシャコヴァとジュセは、傭兵部隊の元指揮官の顔を撮影してインタビューすることに成功していた。その元指揮官の書いた本が、ロシアの独立系出版社ゴンゾから危険も顧みず出版されるということだった。当時は、かの傭兵部隊の話がマスコミを賑わせており、マリで軍事革命政権が権力を掌握したのに伴い、近いうち、バルハン作戦のフランス軍に代わってイスラム過激派の掃討に携わるだろうと噂されていた。また、シリア、中央アフリカ、リビアなどでの傭兵部隊の暴虐行為も報告され始めていた。伝統的にフランスの影響下にある地域へのロシアの進出は人々の不審を掻き立て、眉をひそめさせ、懸念を募らせていた。そうした状況下で本書を世に問うことの意義はきわめて大きいとの考えから、私どもはただちに出版元のゴンゾ社に、次いで著者のマラート・ガビドゥリン本人にコンタクトをとって、『ふたたび同じ川の流れに』という不可思議なタイトルの原著を、ぜひともフランスの読者に紹介したいと申し出たのだった。

当時は、ロシアとウクライナの間にくすぶる緊張関係が戦争に進展し、本書が衝撃的な今日性を持つようになるとは知らなかった。

というのも、マラート・ガビドゥリンが見せてくれるのは、ロシアの軍隊に関するまさに最新のかけがえのない証言だからである。著者はロシアの軍隊組織や活動を覆う謎の一部を明かしてくれる。確かに、ワグネルはロシア軍ではないかもしれない。それは「民間軍事会社」であり非公式な「会社」であって、そこには階級もなく、その存在はロシア政府によって否定されている。何より、ロシアでは傭兵制度が禁止されており、戦友や自分自身のことを著者は「お雇い兵士」と呼んでいる。とはいえ、ワグネルの活動は常にクレムリンだけに奉仕することを目的としていた。ウクライナのドンバス地方でもクリミアでも、中央アフリカ共和国でもマリでも、もちろんシリアでもそうである。今日、ワグネルはウクライナに展開している。

しかも、ワグネルの構成員の大半は元兵士で占められ、絶えずロシア正規軍と緊密な連携を取り合ってきた。にもかかわらず、著者自身も戦友たちも、シリアの凍てつく山中で、過酷な条件のもとで戦いながら、ごくわずかな恩恵にさえ浴していないのである。マラート・ガビドゥリンはやんわりした言葉ながら、ロシア軍兵士やアサド大統領に従う「砂漠の鷹」たちの不甲斐なさを描き、その腐敗や飽くなき栄誉の追求、不毛な儀礼を好むことや、汚い仕事にいつも手を染めないでおこうとする態度を告発している。

そうした批判に気分を害される向きもあろうと思うが、私どもはあえてそのまま残しておくこととした。なぜなら、そうした事柄が、色あせた迷彩服と垢じみたアノラックの傭兵たちが、身ぎれいな正規軍の軍人と行き違う時に覚えるルサンチマンを、如実に物語っているからだ。

それに、この苦々しい思いこそ、現実の不満と相まって、マラート・ガビドゥリンに筆を執らせ、しばしばロシア政府を直接に批判するような危険を冒させたものに違いない。著者は、政治・経済・軍事の利権の結託について書くことを憚《はばか》らず、政府に幽霊兵士たちへの配慮がまったく欠けていることに恨みをぶちまけている。傭兵たちが、いかに老朽化して欠陥のある装備を持たされイスラム国《ダーイシュ》との最前線に送り込まれたか、歯に衣着せず証言している。カラシニコフ銃が届かず死体から奪わねばならなかったことを、全世界を震撼させる敵に対抗するために送り込まれた「大砲の餌食たち」のことを語っている。死者たちや障害を負った者たちや敗北のことを、また、一度も沈黙を破らず、傭兵たちに感謝の意も示さず、勝利宣言を行ったクレムリンのことを。

ロシアがウクライナでのおぞましい戦争を始めた現在、遅ればせながらこの「お雇い兵士」の証言が教えてくれるのは、テクノロジーが進歩しようと、いまだに戦場では人間同士の、いつの時代かと見紛うような野蛮な戦いが勝敗を決しているという事実である。

ワグネル　プーチンの秘密軍隊——目次

ワグネル　プーチンの秘密軍隊

CONTENTS

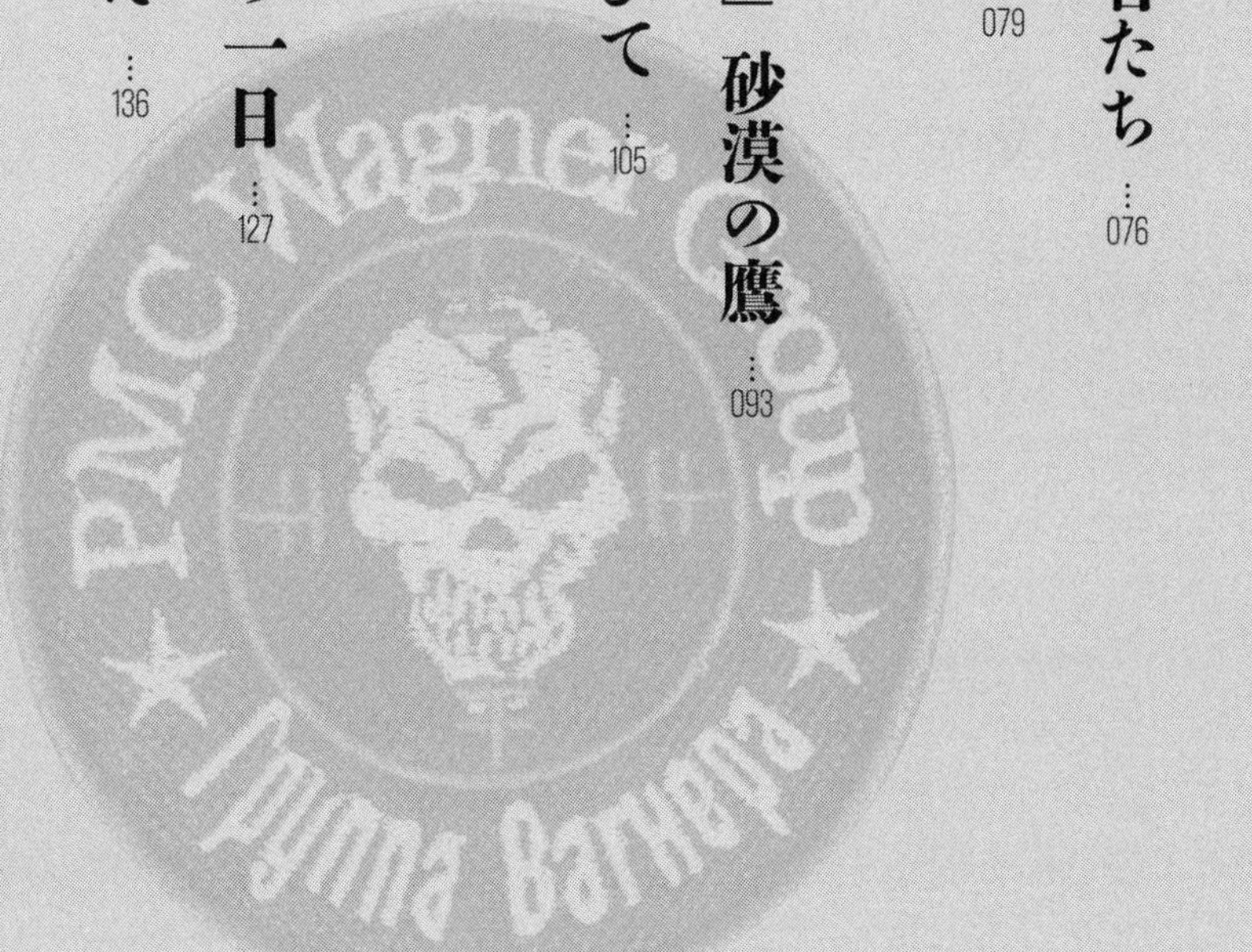
PMC Wagner Group
Группа Вагнера

ワグネル　プーチンの秘密軍隊

CONTENTS

ワグネル　プーチンの秘密軍隊

CONTENTS

原注は（　）付きの番号を付し、ページの欄外に載せた。
訳者による補足は〔　〕で示した。

ワグネル　プーチンの秘密軍隊

何もないところに底意を探ろうとするすべての愚か者たちに

序文

クセニア・ボルシャコヴァ&アレクサンドラ・ジュセ
（ジャーナリスト、映画「ワグネル　影のロシア傭兵部隊」製作者）

マラート・ガビドゥリンは悔い改めたわけではない。世に警鐘を鳴らしているのでもなければ、良心の呵責に苛《さいな》まれ、ある日突然、自らが属していた組織に背を向けて告発しようと決心したのでもない。マラートは兵士だ。消耗品たる歩兵の一人だ。現代ロシア人に巣食うあらゆる分裂的性格を腹の中に持ち歩くホモ・ソビエトクゥスである。ロシア正規軍の空挺部隊に属していたことを誇りに思い、ワグネル傭兵部隊の一員としてシリアでイスラム国《ダーイシュ》と戦ったことを自慢にしている。それだけではない、パルミラをイスラム国から奪還した作戦に参加したことを語っている時のマラートは、歓喜に満ちている。パルミラは幾千年前の遠い昔の文明に憧れる者たちにとっては幻の都なのだ。とはいえ、マラートは自分が影の軍隊――非合法で、今メディアの注目を浴びている傭兵部隊で働いていたと認めるのに、居心地の悪さを感じている。ワグネルは、派遣先の国々の民間人に対して暴行、拷問《ごうもん》、殺人など暴虐の限りを尽くしていると告発されているからだ。ウクライナからシリア、リビアから中央アフリカまで。これからはマリにおいても。

本書の中に罪の告白を期待してはならない。この物語は、作者に付きまとう矛盾に支えられている。きわめてロシア的な話、疵《きず》と救済の物語だ。公式には存在しないはずの軍隊のために働くお雇い兵士の冒険譚である。

マラートが書くと決めたのは、存在するためである。事実を書きとめるため、自身や戦友たちの話を、それまで自国政府が口を閉ざしていた物語を、大理石に刻みつけるためである。なぜなら、クレムリンによればワグネル傭兵部隊は存在しないのだから。ロシア政府の利害地図に従って世界各地に展開されているこの軍隊は、公式見解によれば、ロシアを誹謗中傷する勢力のでっちあげた空想の産物にすぎないことになっているのだから。敵対勢力の筆頭は西側諸国である。この問題についてたびたび質問されたウラジーミル・プーチンは、紛争地域に傭兵が投入されていることを否認しつづけ、クレムリンと民間軍事会社にはいかなるつながりもないと一貫して主張してきた。

その理由の第一は、ロシアでは傭兵制度は公式に違法とされており、刑法第三五九条の条文では懲役八年以下の実刑を科されるべきものだからである。第二に、事実を知りつつ沈黙していることが、大統領の損にはならないからでもある。傭兵を送り込むことで、国家は正規軍の兵士ならば払わなければならない恩給や俸給を節約することができる。また戦死者を隠すことも可能だ。マラートは次のように説明する。

「我が国の将軍らは犠牲者が出ないかと心配になってきた。戦争とは死者の出るものだと、国民は考えたくなかったのだ。そこで妥協案を見つけねばならなかった。その一つは、闇の軍隊の力を借りることだ。必要ならその軍隊が戦いに加わっていることを否定し、国民に好ましいイメージを与えつづけて安心させられるような。そうすれば、国民は満足して誇りを抱きつづけ、我が国の軍事力に見とれて、赤の広場の軍事パレードに拍手喝采するだろうからね」

三つ目の理由は、ワグネルがウラジーミル・プーチンの「ジョーカー」となるからだ。政権が「もっともらしい否認」を行使して、傭兵部隊の犯した暴虐行為や戦場で失敗した作戦についてあらゆる責任を回避できることである。つまり、われわれはまったく関与しておらず、ワグネルに問題があるならワグネルの責任者に訊いてくれ！　というわけだ。そこがまさしくこの策略の巧妙なところで、ワグネルには法的実体はない。幽霊会社で、公には経営陣も社員もいないのである。

とはいえ、この組織のトップには二人の人物がいる。一人は創設者のドミトリー・ウトキン中佐、コードネーム・ワグネルだ。ＧＲＵ（ロシア連邦軍参謀本部情報総局）の元メンバーで二〇一三年に退役すると、早くも二〇一四年には、特殊部隊の退役軍人を集めて緊急軍事介入部隊を編成し、親ヨーロッパ的なキーウ政権に対して分離派が武装蜂起したウクライナ・ドンバス地方で、標的型攻撃を遂行した。傭兵部隊は、その創設者の名にちなんでワグネルと呼ばれた。ワグネルというコードネームが選ばれたのは、ドイツの大作曲家とその象徴的意味に敬意を表してのことだった。ドミトリー・ウトキンは第三帝国とアドルフ・ヒトラーの熱烈な崇拝者なのである。

ヨーロッパ人なら、第二次世界大戦でナチに勝利した両親や祖父母を持つ国民が、どうしてそんなものに魅了されるのかと不思議に思うことだろう。確かに、ロシア人将校らのナチへの憧れは矛盾しているように見える。その答えの一つは、ロシアにおける汎スラブ的異教主義《ペイガニズム》の台頭にある。マラートによると、ワグネルの傭兵のうち三〇パーセントから四〇パーセントがロドノヴェリエ（原始信仰）の信奉者であるという。ロドノヴェリエは一九八〇年代に起こった復興異教主義《ネオペイガニズム》運動で、民族問題についてはドイツの人種主義者の影響を大きく受けている。信者たちは、キリスト教以前の自然の力を崇める古い信仰への回帰を願い、ロシアの民が自らの価値観を見出せるロシアの大地と結び付きたいという民族主義的意志を掲げている。反ユダヤ主義者で外国人嫌い、民族の純潔と人種隔離を提唱する。といって、熱心に布教するわけではない。「キリスト教徒やイスラム教徒や俺みたいに宗教に無関心な者はそのままだった」とマラートは語る。「宗教的な面では誰にも何も押し付けられなかったし、この信仰に帰依しろとも強制されなかった」。それでも信者の中には、ドミトリー・ウトキンのように、あからさまにネオナチの極右思想を標榜する者もいた。マラートはウトキンの指揮下にいた時、コロヴラート（スラブの右まんじ）とスラブのルーン文字の刺青があるのを見たという。最近の写真には他の刺青も見られる。その一つは、ナチス親衛隊ＳＳの紋章であるドッペルト・ズィーク・ルーネ（勝利の象徴）で、目立つように首筋に彫られている。こうした思想は傭兵たちの間に広く共有されていた。リビアで戦死した傭兵のｉＰＡＤの電子図書館の履歴にはヒトラーの『我が闘争』が含まれていたし、やはりリビアでの話だが、ワグネルの傭兵たちが占拠していた家々の廃墟からイスラム嫌悪の落書きが見つかった。ドミトリー・ウトキンの渾名もまた、さまざまな想像を刺激した。傭兵たちは互いを「演奏家」と呼び合い、ＳＮＳで、自分たちは「作曲家」に指揮される「オーケストラ」の楽員であって、世界中で「コンサート」を催しているのだと高言している。戦闘に参加していることを意味する彼らなりの言い方だ。傭兵部隊のプロパガンダ動画の右上には、ドイツの大作曲家の肖像が貼り付けられている。

マラート・ガビドゥリンもまた、作品の中で音楽的メタファーを用いている。ウトキンをベートーベンと書き換えているのだ。そうすることで直接の言及を避けながらも、読者に誰が誰のことなのかはっきりとわかるようにしている。作者は「軍団兵」たちから恐れられる総指揮官の風貌を、ある時は幻想家で、またある時は「怖ろしい」人物として描いている。二〇一四年以来、合わせて一万の戦闘員が（その中にはマラートも含まれる）ウトキンの命令下で働いたと言われ、今日、およそ五〇〇〇名と推定されるワグネルの活動要員が、要請があれば即座にロシア国外の作戦地域へ投入される準備ができている。

ワグネルグループのもう一人の重要人物は新興財閥《オリガルヒ》のエフゲニー・プリゴジンである。プリゴジンについても、マラートはあからさまには語っていない。互いによく知っている仲だが、マラートが二〇一九年に「会社」を去る前にプリゴジンが貴重な手助けをしてくれて以来、道義的な約束で結ばれている。

エフゲニー・プリゴジンは一九六一年六月一日に生まれた。ウラジーミル・プーチンと同様、サンクトペテルブルクの出身で、プーチンと同じくソビエト崩壊後の混乱を利用して成功した。かつてのならず者からロシアでも屈指の有力者に伸《の》し上がったプリゴジンは、諜報部員やスパイ、密偵やマフィア、刑務所帰りが行き来するうろんな世界の申し子にほかならない。刑務所はよく知っていた。一九八一年、わずか二〇歳で、盗みと詐欺と未成年者売春斡旋の罪で懲役一三年を言い渡される。その経験は人生に刻み付けられた。九年後に刑務所から出てきた時、ソ連は断末魔にあった。ロシア経済を立て直そうとする一九九〇年代の「ショック療法」のおかげで、ライバルを蹴落とすためには手段を選ばない新世代の企業家らにチャンスが生まれた。プリゴジンはすぐさまビジネスに乗り出した。何にでも手を染めた。カジノ、西側式のスーパーマーケット……それからホットドッグのチェーンを立ち上げた。ソ連崩壊後の初のファストフードチェーンである。それと並行して、サンクトペテルブルクのエリート政治家らが足繁く訪れる高級レストランをいくつも開店した。最初のレストラン「スターラヤ・タモージニヤ（旧税関庁舎）」には、早くも一九九六年に、サンクトペテルブルク市長〔当時〕アナトリー・サプチャークに近しいグループが訪れた。市長はいつも忠実な副市長を伴ってやってきた――ウラジーミル・プーチンという。当時は、カムチャツカ産のカニサラダや、チョウザメのキャビアを載せたブリヌイ〔小麦粉やそば粉などの生地を薄く焼き上げたクレープ〕をつまみながら、大きな契約の交渉が行われ、変わらぬ友好関係が確認されたのだ。大切な客が訪れるとプリゴジン本人が店に出て給仕した。それが受けて店はたちまち成功を収め、プリゴジンは続けざまに四軒の高級レストランを開店した。パリのセーヌ川に浮かぶ水上レストラン《レストラン・ペニッシュ》にヒントを得て、一九九八年には海上レストラン「ニュー・アイランド」を開業した。この船は一年後の一九九九年一二月、ロシア連邦大統領代行に指名されたばかりのプーチンの「食堂」となる。その翌年に正式大統領に選ばれたプーチンは、二〇〇一年夏にジャック・シラク大統領をはじめとする賓客をここへ招き、二〇〇二年五月にはアメリカ大統領ジョージ・Ｗ・ブッシュと晩餐会を催した。

　レストラン事業の成功で勢いに乗ったエフゲニー・プリゴジンは、「プーチンの料理人」の異名をとり、権力の中枢にある重要人物と認められるようになる。プリゴジンの経営する外食事業「コンコード・ケータリング」は公共機関から多くの契約を受注し、公式行事の運営を任されたり、兵営に食事を配達したり、うまみのある学校食堂事業に参入したりする。二〇一七年にはモスクワ地区で児童数百人を巻き込む食中毒を起こしたが、司法に煩わされることはなかった。プーチンの引きで、金持ちで影響力のある人間になっていたからだ。それと引き換えに、プリゴジンはクレムリンのために手を汚した。国際的制裁の対象となり、二〇一六年のアメリカ大統領選挙への介入を組織したとしてＦＢＩからも告発されている。プリゴジンは、偽情報を拡散してＳＮＳの言論を操作する情報工作集団《トロール・ファクトリー》「インターネット・リサーチ・エージェンシー」のトップとも噂されており、アメリカ政府はプリゴジンの首に二五万ドルの賞金を賭けている。だが、お尋ね者は鬼ごっこ《キャッチ・ミー・イフ・ユー・キャン》ならお手のものだ。プリゴジンの勝ち、決して見つからないし捕まらない。

　今日、プリゴジンは軍上層部の支援を得て、ワグネルに出資し運営していると言われている。二〇二〇年以降、プリゴジンは「リビアにおけるワグネルグループの活動」に関与しているとしてＥＵの制裁対象にもなっている。「リビア国内の平和と安定と安全を脅かしている」と告発されているのだ。中東からアフリカまで、サイバー空間と現地を問わず、不安定化工作に関与しているという証拠がますます増えている一方で、プリゴジンは傭兵部隊との関わりを極力なくし、自分と結び付きがあると攻撃する者すべてを裁判に訴えている。法的にワグネルと自分を結び付けるものがないように組織した。隠蔽は完璧で周到だ。ゴッドファーザー、古いタイプのマフィアである。至るところにおれども姿は見えない、全能で捉えどころがない。

マラートの物語の行間にはこの「料理人」の影が見え隠れしているが、作者は決してこの悪魔的人物について秘密を洩らさない。「自分が証明できないことや、あったかもしれないが裏付けられない関係については話さない」と言う。裁判に訴えられないようにするため、話しすぎることで報復されるのを防ぐためである。ウトキンとプリゴジン、この二人の主役について言及を控えることで、作者はワグネルのもとでの自分の体験を自由闊達に語ることができるのだ。もっとも、ワグネルのことは作中で単に「会社」と呼んでいるが。

この「会社」に雇われて、マラート・ガビドゥリンはウクライナやシリアへ戦いに出かけた。彼はワグネルのために働いた――しかも、立派に。ワグネル内部で数々の勲章を得ただけでなく、ロシア国家からも正式の叙勲を受けた。だが、表彰はいつも秘密裡に行われた。その褒美と引き換えに、マラートはいつも嘘をつかねばならなかった。どのような任務なのか、どこへ派遣されたのか、どんな人間と一緒にいるのか、何年もの間、嘘を通さねばならなかった。組織の中にとどまり、仲間でありつづけるために。その組織は、将来の見通しもない落ちこぼれたちの目を輝かせ希望を与えてくれる一方で、彼らを「大砲の餌食」にした。クレムリンの地政学的野心のために浪費される薬莢《やっきょう》に変えた。マラートは、そうした存在をここで明るみに引き出して敬意を表したいと望んでいる。中には英雄もいる、という。あらゆる点においてあっぱれな奴らだ、奴らのために、この秘密部隊を取り巻く沈黙の掟《オメルタ》が破られ、真実が告げられるべきである、と。真実とは大層な言いようだが、一人称で語られるこの物語の存在理由がそこにある。

マラートは職業軍人としてロシア軍空挺部隊に一〇年間在籍していた。ソビエト連邦崩壊から二年後の一九九三年に中尉で軍隊を辞め、ビジネスの世界に身を転じる。当時は野放しの資本主義がロシア国内を席捲《せっけん》し、猫も杓子《しゃくし》もその分け前に与《あずか》ろうとしていた。軍人とて例外ではない。だが、大金を持ち合わせないマラートは危ない仕事に手を染めた。シベリアの地回りの親分の用心棒となり、ついに平然と人殺しまで犯してしまう。相手はライバルグループのマフィアで「殺されて当然の奴だった」という。三年間の刑務所暮らし、そのあと何年間かの失業と鬱《うつ》状態の生活が続き、アルコールに溺れるようになる。警備員やボディーガードの職を転々としていたが、とりわけ、時間を元に戻して、もう一度正規の軍隊に入隊することができないことはこたえた。

自身の世界が崩壊しようとしていた時、マラートは昔からの友だちに再会し、できたばかりの民間軍事会社の話を耳にする。志願者の経歴についてはうるさくないという。多少の経験があり武器を取り扱えるなら、前科者であろうと大歓迎らしい。マラートの頭は戦闘の夢で一杯だったから躊躇なく出かけていった。集合場所はロシア南部のクラスノダール近郊にあるモルキノ村だった。「大勢集まっていた」とマラートは振り返る。「だが、人数や正確な場所について詳しい情報は明かせない。あとで自分に跳ね返ってくるかもしれないからな。軍事機密を洩らしたと告発されかねない」。マラートは慎重だ。なぜなら、モルキノの施設はワグネルとロシア政府が連携関係にあるという動かぬ証拠となるからである。傭兵を収容するために建てられたこの軍事基地は、ロシア正規軍の参謀本部情報総局GRUの兵営と訓練センターからわずか数百メートルばかりのところにあって、ここで訓練に用いられている兵器は正規軍と同じもので、すべて国防省の支援で行われている。

ゆえにマラートは、作品の中で国家機密に属するようなことについては曖昧にしている。これは作者の大雑把さからでなく、必要な用心なのだ。本書を読むにあたって、作者が匿名でなく公に証言する初めてのワグネルの傭兵であることを、決して忘れてはならない。

マラートは自分が情報を暴露することに伴う危険を推し測っている。訴追される恐れがあるだけでなく、はっきり言って命さえ危ないのだ。この作品では兵士の「名前以外はすべて本当のこと」と言うのもそのためである。兵士たちをできるだけ守るため、作者は自分が考え出した渾名、コードネーム《ポジヴニェ》で呼んでいる。物語の中で、読者は「ヴォルク」（狼）や「チュープ」（辮髪《べんぱつ》）や「ラトニク」（鉾槍兵）と出会う。いずれも現代の剣闘士たちで、生彩に富み、英雄的かと思えばひどく暴力的だったり意気消沈したりして、この新タイプの影の軍隊の雑多な兵士たちを構成している。

マラート本人の渾名は「ジェード」（じいさん）である。仲間がつけてくれた。自分にはお似合いだと思っている。ワグネルに雇われた時マラートは四八歳だった。顎鬚《あごひげ》に白いものが混じり、小隊では一番の年長だった。二〇一五年、マラートは最初の志願兵四〇〇人の中の一人だった。認識番号はM－０３４６。当時の入隊試験は厳格だったが、面接と体力テストにやすやすと合格した。マラートはワグネルの設立目的についても説明を受けた。武力紛争に介入してロシアの国益を擁護し拡大していくことが任務であると。マラートはその愛国的意義にたちまち惹かれるが、本当の入隊理由は他にあった。平均給与が四〇〇ユーロを超えないロシアで、ワグネルの部隊に約束される収入は魅力的であった。「主な動機の一つはもちろん金だった。給料がよかったんだ」とマラートは言う。「基地での訓練期間中は月に九五〇〇ユーロ、それが、最初の国外派遣の際には一五〇〇ユーロから一八〇〇ユーロになった」。そこには社会保険はまったく含まれていないし、死亡の場合の遺族年金もまるでないが、戦闘に参加するたびに特別手当が貰える。だから、マラートは月に三〇〇〇ユーロまで稼げた。このちょっとした大金を浪費しないようにして、モスクワ郊外にマンションを買うことができた。

三カ月の短期養成期間を終えて、マラートは初めての任務としてウクライナ東部ドンバス地方へ派遣された。そこはウラジーミル・プーチンが自分の縄張りとみなしている領土で、二〇一四年以来、キーウ政府とロシアの支援を受けた分離派が支配を争っており、ロシア各地から何千という戦闘員が応援に駆け付けていた。その中にはワグネルの三個大隊の傭兵もいた。だが、マラートは自分の経歴のこの部分については思い出したがらない。「戦争にはいくつかのケースがある」と説明する。「その一つは、国籍のゆえに間違っている陣営で、正しくはないが自国の政府が支援している側について戦わねばならない場合だ。それはとても不愉快な状況で、そういう条件では俺は二度と働きたくない」

この嫌悪の理由の一つは、傭兵部隊に与えられていた任務の性質のゆえに違いない。二〇一四年から二〇一五年にかけて、ドンバス地方には多くの分離派のグループが生まれ、その中にはロシアの支配の及ばないものもあった。そうした集団は領土を我が物にして自治政府のようにふるまい、クレムリンからは少しばかり独立しすぎているように見えた。ワグネルの部隊が送り込まれたのは、そうした集団のリーダーを捕らえ、武器や装備を取り上げて無力化するためだったと言われている。時には強硬な手段もとられた。傭兵部隊は一〇人ばかりの分離派リーダーの暗殺に関わっているという噂もある。その中には、カリスマ的リーダーのアレクサンドル・ベドノフ（通称バットマン）が二〇一五年一月一日にルハンシクで待ち伏せに遭って殺された事件もある。

マラート・ガビドゥリンはそうした工作に関わったことはないと否定し、私たちとのインタビューでも、ウクライナ紛争は兄弟殺しであってクレムリンの重大な誤りだ、と非難するのをためらわなかった。二〇二二年二月のロシア軍の侵攻によって、誤りは罪に変わった。この戦争のせいで、マラートは沈黙を破ることを決意した。初めて、自らの最初の任務について書き始めたのだ。ウクライナでの体験にはイスラム国相手の戦いのような大義はなかったと語る。あまり誇ることのできないエピソード、自分の経歴の汚点、不測の成り行きだったという。だが当時、それはワグネルを辞めてもよい理由にはならなかった。

ドンバスでの任務のあと、マラートは昇進した。一兵卒から偵察部隊の指揮官となり、二〇一五年末にシリアへ旅立つ。シリアには二〇一九年までに四度、合わせて二年半滞在することになった。軍旗を持たぬ違法な兵士として、ロシアとその盟友アサド政権の利益の名のもとに展開した。シリアの独裁者はワグネルの助けを求めた最初の国家元首だった。当時、マラートは地政学にほとんど興味がなく、祖国から三〇〇〇キロ以上離れた土地で果たすべき任務の目的については、幹部からの説明に満足していた。「こう言われたよ。あちらにはアサド大統領っていう立派な人がいて、この立派な人がたった一人で勇敢な軍隊を率いて世界帝国主義と懸命に闘っている。だが、助けが必要だ、と。それでおしまい」。誰も命令に不服を唱えなかった。二〇一五年の九月から一〇月には、戦意は大いに昂揚していた。息も絶え絶えのシリア政権を支援するため、ロシアが公式に軍事介入することを表明したばかりだった。傭兵たちはロシア国防省から武器と装備を与えられ、ロシア空軍総がかりの援護のもとに戦えるものと考えていたが、正規軍が空から支援する傍らで、傭兵たちには汚い仕事が割り当てられた。あらゆる地上作戦に送り込まれ、何年にも及ぶ内戦で力尽きて漂流状態にあったシリア軍を補佐するはめになったのだ。

作者が私たちを招き入れるのはそのような世界である。それは未曾有の没入体験だ。自分たちの生活条件、戦闘、敗北の苦杯、小さな勝利の快感についてマラートは語る。世界中のメディアのトップを飾った戦争の秘密の証人として、作者は別の視点を提供する。内側からの、理性を超えて本能的な、今日までこの問題について書かれたどんなものよりも現実の……。入隊から戦闘配備まで、至るところに作戦行動を散りばめ、作者は読者の心を捉えて、グラートのロケット弾が轟き、戦士の雄叫びが響く、シリア砂漠の桟敷席へ運んでいってくれるのだ。

ワグネルがどのように活動しているかについても、作者は貴重な情報を明かしてくれている。ワグネルの傭兵たちはロシア軍司令部の将校の命令には服しない。傭兵部隊の任務はロシアとシリアの合同作戦本部の上層部から言い渡されるのだが、それもまた、作品の中で痛烈に批判されている。マラートはシリア軍の怠慢を激しく非難する。ロシアの特殊部隊や空軍や砲兵部隊の援護があっても戦うことのできない無能な軍隊だという。「あいつらは何もやってない、働いていたのは俺たちだ」と力を込める。例えば、二〇一六年初めのパルミラがそうだ。有名な古代遺跡パルミラは、まず二〇一五年五月にイスラム国《ダーイシュ》によって攻略され、二〇一六年三月にワグネルによって奪還された。この戦闘の時、傭兵たちが攻勢をかけている傍らで、シリア軍はのらりくらりと後方で逡巡していて、前線に出てきたのは敵が逃げ去ってからだった。「シリア軍はそのあと写真を撮るためにやってきた」。マラートは憤慨の溜め息をつく。「シリア軍はまったく不甲斐なく、あの象徴的要衝を維持することもできなかった」。二〇一六年一二月に、パルミラは再びイスラム国《ダーイシュ》の手に落ちる。マラートは敵の手強さを認めるにやぶさかでない。「残虐で危険で、機動力があり、イデオロギーを頭に詰め込まれて戦意も旺盛だった。あの悪疫を根絶するのに俺も少しは貢献したかな」

シリアでの任務の一つは、民兵部隊を組織して育成することだった。マラートは「砂漠の鷹旅団」の兵の訓練を任された。「砂漠の鷹」は準軍隊組織で、のちにシリア軍の一部となる。正規軍に編入された民間軍事会社のようなものだが、ワグネルとは異なり、そうした集団はシリアでは合法的な存在だ。のちに、マラートは「アイシス・ハンターズ」と呼ばれるシリア人武装グループを率いることになるが、それは地元民兵から構成されたワグネルの支部で、ロシア人が金を出し、ロシア人が指揮していた。その後、そのシリア傭兵の一部はワグネルに組み込まれ、ロシア人傭兵とともにリビアや中央アフリカなどの他の作戦地域に展開された。

ワグネルのシリア遠征についての綿密な語りに加えて、この作品の力強さは、生のままの事実や単純明快な真理や小説みたいに波瀾万丈の冒険が、雑多に混じり合っていることにある。これは、時に愚直とも言えるほどの英雄的行為と荒々しい現実との中間に位置する物語である。そこには数々の矛盾が含まれ、行間に隠された言葉がある。例えば、ワグネルの傭兵たちのやり方について書かれているところ。私たちとのインタビューで、マラートは「ジュネーブ条約に違反するところ」がいくらかあったことを認めている。占領した地域でほぼ組織的に略奪が行われたことがそうだ。シリアでは、マラートは「悪玉」を退治するためにやってきた「善玉」のつもりでいた。だから、家族を追い出して民家に宿営するのは当然のことと考えていた。「確かに、立場を利用することもあった。真夜中に野外にいて、土砂降りの雨で寒かったりしたら、そりゃ、暖かい家の中に入ったものだ。何とかして住民たちに場所を譲ってもらうようにしてね」。そうした捕虜たちは必ず「健康なままで」シリア当局に引き渡したという。住民を拷問したり意味もなく殺したりしたことはないと断言した。

とはいえ、マラートがワグネルで働いていた時期に、一部の傭兵がシリアの民間人を拷問して殺し、四肢を切断したり首を斬ったりして死体に火を放ったこともまた事実だ。そうした犯罪は至るところで撮影され、二〇一九年にその動画がSNSに流出した。犠牲者や犯人の何人かは独立系ジャーナリストたちによって身元が確認されたが、刑事訴追は一件も行われていない。動画を見たマラートはこうした行為を非難するが、これは暴走だと言う。一部の残虐な奴らの「ヒューズが吹っ飛んだ」ので、決してそんな傭兵ばかりではない、と。「こうした事件のせいで、西側ではワグネルの評判がすこぶる悪い。犯人を罰して汚名をそそがねばならないが、とにかく、われわれの仲間すべてが犯罪者であると思うのは間違っている」

しかしながら、こうした暴走行為は後を絶たない。ワグネル部隊が戦っている国ではどこでも、民間人に対する残虐な犯罪、謂《いわ》れのない前代未聞の暴力行為の証言が続出している。その他の暴虐行為や、とりわけ中央アフリカで私たちが直《じか》に会ってきた被害者の話を聞くと、マラートは顔を強張らせた。マラート自身は恐怖に訴える手段を用いることはなかった。マラートの頭の中ではワグネルは善の力であり、武装蜂起した叛徒や過激なイスラム勢力に抗して立ち上がり、また、「大ロシアを破壊する」考えに憑かれたアメリカ人に率いられる世界帝国主義と戦っているのだった。

マラートは私たちの話を理解しようとしなかった。まるでこうした犯罪が現実のものだと認めれば、自身の世界と道徳が消滅してしまうかのように。「俺は絶対に信じない、信じたらすべてが終わりだ！」。最後に会った時にマラートは言った。非難することを拒み、それによって自身の関与を否定することで、マラートは自らの誠実さから引き起こされるあらゆるジレンマを背負い込んでいる。

だからといって、マラートは愚かでもないし何も気付いていないわけではない。マラートと「会社」との関係は年とともに変わってきて、距離をとって眺められるようになった。とりわけ、ワグネルには政治的な役割がある以上に、その幹部らの金儲けの手段になっていることがわかってきた。傭兵部隊の仕事はただではない。マラートが戦ったシリアでは、シリア自由軍やイスラム国の手に落ちた油田やガス田を奪い返し、石油精製施設の安全を確保する任務を担っていたが、その代償として「会社」は石油や天然ガスから上がる収益の二五パーセントの手数料を得ていた。これは、ロシアのニュースサイト「フォンタンカ」の報道によると、エフゲニー・プリゴジン傘下のエヴロ・ポリス社とシリアの石油鉱物資源大臣の間で二〇一六年一二月にモスクワで取り交された合意に基づくものである。「プーチンの料理人」はワグネルをクレムリンの地政学的野望の実現のために提供して、ロシア中枢部での自らの地位と影響力を確立しただけでなく、同時に、儲かる契約によって個人資産も増やしたのである。中央アフリカ共和国においては、プリゴジンが手中に収めたのは鉱山部門（金とダイヤモンド）だと言われている。ワグネルは税関事務所も制圧し、収入の上前を撥《は》ねている。消息筋によると、プリゴジンの配下はほどなく国の歳入を狙って税制にも手を伸ばすだろうということだ。目下、傭兵部隊を配備中のマリでも図式は同じだ。ワグネルの治安部隊の給料は鉱山収益から支払われることになるだろう。バマコの軍事革命政府は月一〇〇〇万ドルを支払うことになっている、と話すのは、米国のアフリカ地域統合軍ＡＦＲＩＣＯＭの司令官を務めるスティーヴン・タウンゼント大将である。

かくなる背景のもとでは、一介の傭兵の命（幽霊兵士の命）は会社の莫大な経済的利益の前で物の数にならない。高性能の装備や兵器を欠いたまま、しばしば最前線に投入され、ワグネルは何度も手痛い敗北を喫し、甚大な人的犠牲を被った。この「大砲の餌食」的側面はマラートの気に食わない。数十人の仲間を戦闘で失い、自身もシリア戦線で活動中に二度にわたり重傷を負い、その傷が体に刻まれているマラートは、憤懣やるかたない。

今でも砲弾の破片が埋まった体で、マラートは恨みを噛みしめている。とりわけ、決して忘れえぬ出来事がある。それは二〇一八年二月七日から八日にかけての夜のことだった。ロシア傭兵部隊はユーフラテス河岸の都市デリゾールの南へ送り込まれた。別名コノコ工場〔コノコフィリップスはヒューストンに本拠をおく国際石油資本〕と呼ばれるタビーヤ精油所を奪還するためである。傭兵たちはそこを占拠していた部隊と衝突した。それはアメリカに支援されたクルド人部隊だった。砲弾の雨が降り注いだ。「突然、地獄が始まった」。マラートは記憶をたどる。「ロケット弾が何発も俺のすぐそばに落ちて炸裂《さくれつ》し、俺は顔一面に火傷を負っていた。本当に言葉では表せない感覚だった。身動きできず、地べたに横たわったまま終わりを待っている。もうどうしようもないんだ。俺たちは滅多打ちにされた！」。爆撃を始める前に、アメリカ軍参謀部はシリアのロシア司令部に連絡をとって、相手がロシア側の部隊ではないかと確かめた。だが、電話の向こうでロシアの将軍は違うと答えた。戦場に傭兵部隊がいることを認めたくなかったのだ。

この作戦はメディアで報じられ、世界中がワグネルの存在を知ったが、モスクワではロシア側の高官が傭兵の使用を否定しつづけた。数日後、ロシア外務省の報道官マリア・ザハロヴァは、当該地域にロシア兵はいなかったと言明した。「許しがたい虚言だ」とマラートは非難する。「俺は胸がむかついた。あの女が恥ずかしげもなく嘘をつくのを見てるのが我慢ならなかった。軽蔑したしうんざりした。政府にどんな戦略があろうと、あんな態度は正当化できない。身内を見捨ててはならない」。その夜の爆撃で二〇〇名から三〇〇名の傭兵が死んだと言われる。

最終的にモスクワは五名の死亡を認めたものの、五名はロシア政府とは何の関係もないと声高に主張した。その偽善にマラートは耐えられなかった。幻滅し、欺瞞のはびこる体制を受け入れることを拒んで、二〇一九年にワグネルを去った。「傭兵部隊の一員として歴史的な作戦に参加できたことは誇りに思っている。その一方で、今日、もう傭兵部隊にいないことを喜んでもいるんだ。絶対秘密主義の方針にはもう同意できないからな。存在する人間をいないと言いくるめるのはよくない」

今日、ワグネルが世界中に網の目を拡げる一方、マラートは傭兵制度がロシアで合法化される日を夢想するようになった。傭兵たちがもう隠れなくてもいいように。祖国が自らの地政学的野心を認めて、うやむやな行動をとるのを止めるように。だが、クレムリンとロシア国防省が秘密を公にするとはとても想像できない。誠実さを、とマラートは言う

——誠実さのないところに対して。そのことを知りながら。

ロシア人の二重のコンプレックスを持ち合わせ、優越感と劣等感が意識の中で熾烈な闘いを繰り広げているマラートにとって、十把一からげに批判してソ連時代のように西側へ亡命するのは、実に容易《たやす》いことだっただろう。だが、それは選ばなかった。もし傭兵の仕事を合法的に行えるなら、マラートは一瞬のためらいもなく任務に、ロシアのために出かけていくだろう。もちろんだ。とどのつまり、マラートはロシアの一兵士なのだから。

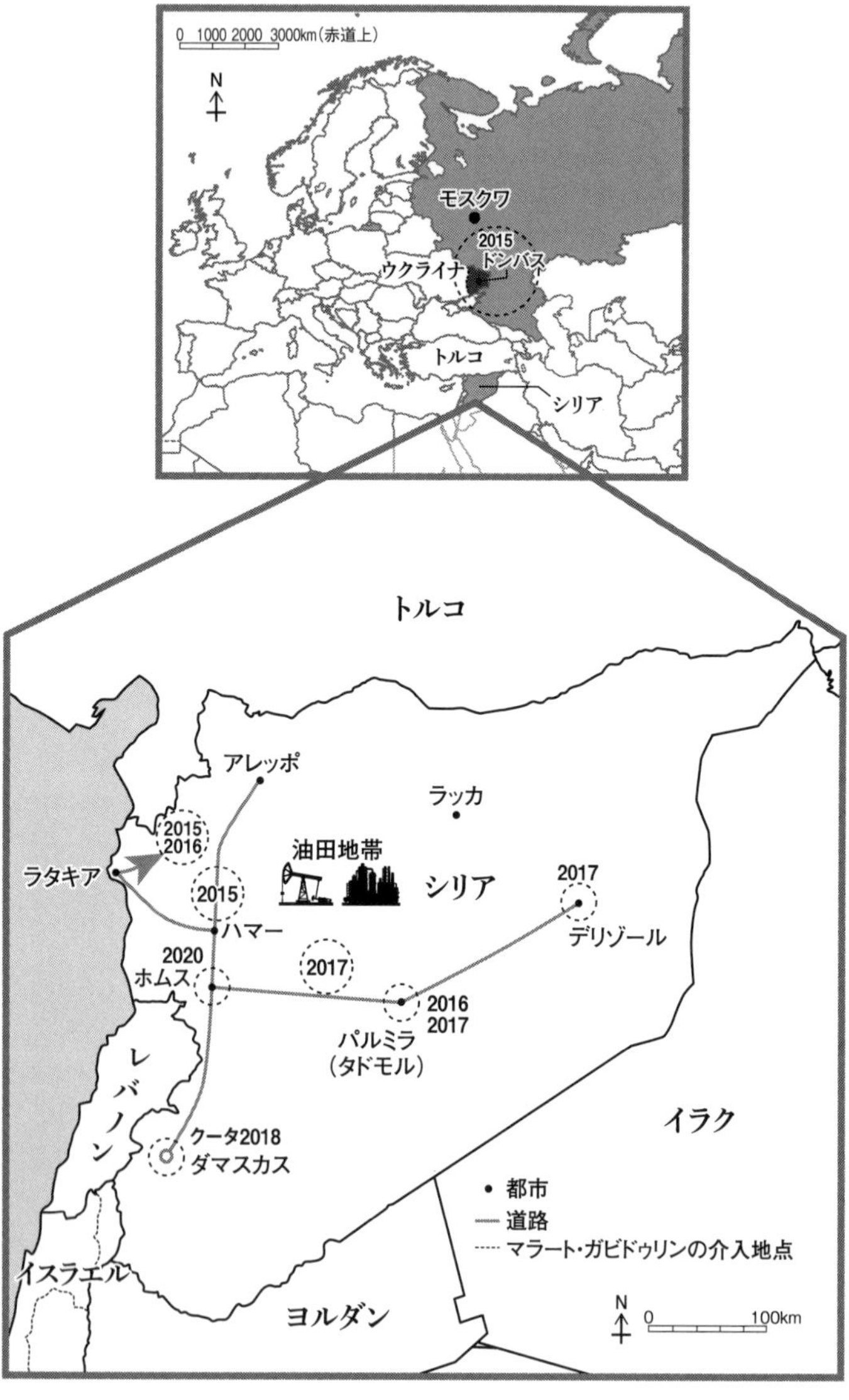
0 1000 2000 3000km（赤道上）
N
モスクワ
2015
ドンバス
ウクライナ
トルコ
シリア
トルコ
アレッポ
ラッカ
2015
2016
油田地帯
ラタキア
2015
シリア
2017
ハマー
デリゾール
2020
ホムス
2017
2016
2017
パルミラ
（タドモル）
レバノン
イラク
クータ2018
ダマスカス
都市
道路
マラート・ガビドゥリンの介入地点
イスラエル
ヨルダン
N
0
100km

第１章 傭兵への道

クラスノダール、二〇一五年四月〜六月

万物は流転す。この世にあるあらゆるものは絶えず変化してとどまることはない。されば、同じ流れに再び身を投ずることはできるのか？　否、と古代ギリシャの哲人は答えた。そう答えることで、さまざまな事情から人生の迷路にうっかり迷い込んだ者たちが、いつかまっとうな道へ戻っていけるという希望を奪ってしまうことになると考えもせずに。

草の中に座って一日の疲れを癒しながら、俺は太陽が地平線へ消えていくのを眺めていた。物思いにふけるにつれて、キャンプの人の動きも喧騒もだんだん遠のいていった。

俺がここへ足を踏み入れてから三カ月が経っていた。ここはのちに傭兵訓練センターと呼ばれる場所で、敷地の周囲にはやがて柵となる金属の杭が打ち込まれていた。最初の数日間の戸惑いや慌しさが過ぎると、戦闘訓練とここで望める限りの快適な生活が、交互に繰り返す厳格な日課が始まった。

俺はこんなに大勢の人間に囲まれて過ごす習慣をすっかりなくしていたので、すぐに疲れた。それでも、生活が変化したおかげで、さすらいの年月に失くしてしまった自信と心の平穏を少しずつ取り戻していった。

　俺が、ソ連でも一番と言われたリャザン空挺軍士官学校の卒業証書を手に巣立っていったのは、遠い昔のことになる。あの頃は若くて血気にはやり、体力にも溢れ、人生の挑戦を一つひとつ乗り越えてやるぞという気構えでいた。空挺部隊に入るのが子どもの頃からの夢だった。母なる祖国を守ること、職業軍人になることが……。当時はペレストロイカ（改革）とグラスノスチ（情報公開）が始まったばかりで、国中が希望と情熱に包まれていた。カザフスタンのアルマトゥイやアゼルバイジャンのスムガイトで暴動はあったけれど（アゼルバイジャン人が少数派アルメニア人を虐殺したんだ）、そんなのは、まああり得る出来事だろうと思われていた。誰も夢にも想像しなかったろう、まさか、トランスニストリア（沿ドニエストル）やアブハジアやチェチェンであんな殺戮《さつりく》が起ころうとは。一九八八年のロシアでは、最も暗くて最も大胆な予言でも、四年後にソビエト社会主義共和国連邦が崩壊するとは誰も予測していなかった。俺はと言えば、野心と希望に溢れた若き中尉で、変革の風を胸一杯に吸い込んで、パラシュート部隊の指揮を執るために、モルドヴァの首都キシナウに赴任していた。勤務は堪えがたいほど単調で、ロマンチックな戦争映画とはまるで違っていた。空襲や破壊工作の興奮するシーンに想像をたくましくしていたのに。現実社会ではゲームのルールは異なっていて、出世するには戦闘に秀でていることでなく、上官の命令通りに（それが合理的で妥当であろうとなかろうと）遂行する能力が問われるということに気付かされた。初めの数年間こそ熱心に励んだけれども、期待に反して認められないものだから、俺はスポーツに精を出した。毎日、キックボクシングやボクシングの練習に熱中したから上達したけれど、軍の格闘技チャンピオンになるのは夢のまた夢で、スポーツのせいで軍務を疎かにするようになっていった。駐屯地の中よりも、近所のスポーツジムで地元の若者相手に（ほとんどは小さな不良グループに属していた）殴り合いをしている時間の方が長くなってきた。そこに訪れたのが、ソ連の崩壊とそれに続く激動の年月だった。俺のいた連隊はシベリアに飛ばされた。人里離れたど田舎に。俸給も期日通りに払われなくなった。

こうした失望が重なって俺は辞表を提出した。一九九三年のことだ。だが、すぐに後悔した。というのも、辞表を送った直後に情報中隊の副指揮官に任命されたからだ。俺はロシア空挺部隊の司令官のところへ駆け付けた。司令官自らが俺とモスクワで会い、辞表を受理しないと約束してくれたが、参謀長の意向とは無関係に役所には役所のやり方がある。それとも、司令官が約束を守ることにそれほど固執しなかったのか。とにかく罷免の命令は実行され、二カ月後に俺はクビとなり、軍隊に再入隊しようという俺の試みはすべて徒労に終わった。驚きだ、当時は大量の兵隊が軍隊を辞めていったというのに、俺だけが兵士になれなかったなんて。とはいえ、食っていかなくてはならなかった。家族を養い、膨らんでくる俺の野心の出口を見つけてやらねばならなかった。周りを見まわせば、ロシア中が大資本の饗宴に酔いしれていた。当時は「ビジネスをする」と呼んでいたが、てっとり早く金を稼ごうとしたあげく、俺は闇社会のいざこざに巻き込まれ、我が身を守るためにギャングの親分を殺して刑務所行きとなった。クラスノヤルスクで三年間の流刑地暮らし、前科がついて軍隊への扉は永久に閉ざされてしまった。

俺の人生は若い頃に作り上げた計画から外れ、士官学校で教え込まれた価値観と相容れないものになってしまった。俺は民間の仕事に就きたいとまったく思わなかったから、ますます困った立場に追い込まれた。軍隊を去ってから興味を惹くことは何も見つからず、心の中に空いた空洞を埋めることもできず、俺はしばしば酒に溺れて、今思い返しても恥ずかしさにいたたまれないようなことをしでかすようになった。

刑務所を出てからしばらくは警備員として働いていた。ロシアにある企業はどこでも犯罪から守ってくれる人間が必要だ。それと、常に賄賂を狙っている強欲な役人どもと友好的な関係を保つことも。連中は自分の得になるとなれば、ビジネスが繁盛するように計らってくれるから。だが、俺はそんなことにはあまり関心がなかった。給料がよくてついていると思っていた。なのに、上司と激しい言い争いをして、またもすべてをふいにしてしまった。その上司は退職刑事とかで、仕事のこともよくわかっていなかったし、頭の切れる奴でもなかった。だから、そいつのやっていたのは、治安当局のさまざまな部署とのコネをちらつかせ、ライバル企業を震え上がらせることだった。ロシアでは、そういう人間は昔から貴重な財産とみなされている。だから、俺の会社の社長も元刑事と揉めたくはなくて、俺に辞表を出すように迫った。

俺は目まぐるしく職を変わったから、自己実現なんてとんでもない。精神の安定も、自分が何かの役に立っているという感覚も得られなかった。俺には、キシナウにいた頃に最初の結婚で生まれたレナータという娘がいて、ずっと養育費を払ってきていたが、その娘との関係もうまくいっていなかった。俺には父親を権威づけるのに必要な性格の強さが欠けていたし、何より、学業を終えて実社会に出ていく若い娘がこれから直面する数多くの問題を解決してやるための、金というものがなかったから。

俺は文なしだったが、実業家と称する連中のためにせっせと働きたいとも思わなかった。この国のエリートのようなつもりでいる、教養も節操もない商売人どもをとことん軽蔑していたから。とはいえ、俺には自分で独立して何かを始めるような器量もなかった。金脈を見つけて利用するのに長けた者もいれば、そうでない者もいる。俺には戦争をするしか能がなかった。

女房のナターシャは、長い間、独りで生計を立てなくてはならず、借金の穴埋めに苦労していた。だが、生まれ故郷のシベリアからモスクワまで俺についてきたのには、ほかに野心があったからだ。衣食住のためにあくせく働くためでなく、自分のやりたいことがあったのだ。女房は評判の美容クリニックを経営していたから、そちらの研鑽を積みたかったのだが、金のやりくりに追われて自由を奪われたように感じていた。俺を愛しているのは変わらなかったけれど、現実に適応できない俺には不満を抱いていた。だから、俺は大急ぎで解決策を見つけねばならなかった。いつまでも報われない天才でいるわけにはいかない。それでは結婚生活が危なくなりかねない。しかし、四八歳の俺には、相変わらずどうしたらいいのかわからなかった。

その袋小路から抜け出したのは二〇一五年の三月末のこと。シベリア時代の昔馴染みからの電話がきっかけだった。そいつとは何年も前にボクシングジムで出会った。渾名は「サムライ」。サムライは根っからの傭兵で、それ以外のことをして食っていこうとは考えてもいなかった。奴は徴兵の時に第二〇一師団に送られた。タジキスタンの山の中だ。この旧ソ連邦の共和国が内戦の泥沼にあった時のことだ。サムライは兵役を終えて戻ってきたが、長い間、腰を落ち着けてはいなかった。戦争が呼んでいた。機会を見つけるとすぐさま契約軍人（ロシアには徴集兵、職業軍人のほかに政府と契約を結んだ契約軍人の制度がある）となって、第一次チェチェン紛争、次いで第二次チェチェン紛争に出かけていった。一九九〇年代半ばに俺たちが出会ってからしばらくしてのことだ。軍隊を完全に辞めてからはボディーガードとして働き、そのあと、海賊の出没するアデン湾で船舶を護衛する任務に就いていた。互いに久しく会っていなかったが、俺にとって運命の時に、共通の友だちを介して再会したのだった。この俺が初恋の仕事に戻れるかもしれないという「会社」のことを話してくれたのは、このサムライだった。その間に合わせの「軍隊」に志願する連中のための集合場所と日時を教えてくれた。ちょうど、ロシア南部のクバーニ地方で部隊が編成されつつあるという。ナターシャに説明するのももどかしく、俺は寝台車に乗り込み、未知の未来へ向かった。二〇一五年は俺の人生の転換点となった。まっとうな道へ立ち戻って、ようやく、昔の夢を叶えられるのだ。

民間お雇い兵士の訓練基地はまさに蟻塚だった。軍隊を統率する規律のようなものは何もない。そこら中を兵士たちが駆けまわり、長い休暇を終えて戻ってきた者もいれば、任務から帰ってきたばかりの者もいた。軍用テントの中ではベッドの奪い合いが行われた。自分のことは自分でやれ、命令する人間も命令される人間もいなかった。

俺はすべての入隊試験を軽々とパスして本部キャンプに配属された。武器の扱いの腕前は少しも衰えていなかった。体力もオリンピック選手並みにあって、三キロの耐久走では、俺より若い連中も含めて集団を大きく引き離した。傭兵会社は戦争のやり方を知り、その重圧に耐えられる肉体の人間を募っていた。なぜなら、それはまさに本物の戦争であったからだ。入隊する前によく考えてみろよと新兵に言って聞かせるように。あとからでは遅すぎる、戦場で仲間を裏切って後ずさりするような奴に憐れみはない。その率直で即物的なところが、俺は気に入った。嘘の約束や空しい契約にはうんざりしていたから。

この民間軍事会社は、のちに創設者の通称「ベートーベン」で有名になるが、俺たちはただ「会社」と呼んでいた。「会社」はまさに小さな軍隊だった。足りないものと言えば、飛行士と潜水艦乗組員とミサイル要員だけだった。それ以外の分野はすべて揃っていて、志願者も大勢いた。俺の周囲にはいろんな毛色の奴がいて経歴もさまざまだった。数々の紛争地域で戦ってきた歴戦の猛者《もさ》もいた。例えばドンバス地方とか。戦うしか能のない連中だ。まじめなプロの傭兵もいたが、戦争をかじってみたがっているロマンチストもいた。ウクライナ西部から来た悪いファシストが（プロパガンダが声高に叫ぶように）ロシア系住民の社会を破壊しようとしていて、だから、愛国心の名のもとに武器を取らなくてはならないと、心から信じている奴らもいた。この愛国心というのを、俺たちは子どもの時から頭に詰め込まれてきた。それから俺みたいに、刑務所に入って人生を棒に振ってしまった奴ら。アドレナリンの放出と一攫千金を求めてここへやって来た奴らもいた。戦争は連中の麻薬で、平和な市民生活に戻ることなど考えてもいなかった。はたまた、正真正銘のアル中のろくでなし。そいつらはここの規律がなければしゃんと立っていることもできなかった。経歴も性格も国籍も宗教もばらばらだが、これからは全員が同じ職業で結ばれていた。傭兵稼業だ。誰も自分たちが雇われている「会社」の法的身分を問題にはしなかった。単純なことだ、ここは自分たちの能力が求められ、金銭で報いられる場所なのだ。自分がどんな舟に乗ろうとしているか、俺はよくわかっていた。これは正規の軍隊ではない。「会社」は法の枠組みをはみ出していた。ロシアでは民間軍事会社は禁じられている、公式には存在していないのだ。

　俺の傭兵人生は一兵卒から始まり、これから伸し上がっていかねばならなかった。俺の周囲には、二度にわたるチェチェン紛争やグルジア〔現ジョージア〕との戦争に行っていたり、ドンバス地方での武装蜂起に加わっていたりした男たちがいて、そのほとんどは、一度も戦闘経験のない中年の元パラシュート部隊士官である俺よりも経験豊富だった。俺は、最初の日からうまの合ったセルビア人の指揮する部隊に入った。そのセルビア人は「ヴォルク」[1]（狼）といって、非凡な性格のように見えたし、外国人というだけでエキゾチックだった。後悔したのはあとになってのことだ。訓練が始まり、最初の任務に送り出されてから、輝くものは必ずしも金《きん》ならずって言葉が正しかったことを思い知らされた。実のところ、ヴォルクはプロ意識のかけらもないアブナイ奴でしかなかった。屑《くず》だった。

入隊するとすぐに認識票と武器を渡された。新兵の教育は小隊の指揮官に任せられていたが、そのほとんどは何の理論的知識も持たず、自らの戦闘体験のみに基づいて教育していた。大抵の場合、訓練は実地に行われることなしに行動方法の説明だけで終わった。幸いにも、射撃訓練だけはまともな教官の監督のもとで行われた。長い間忘れていた感覚と感動を思い出した俺は、昔の腕前を取り戻し、新しい技術を覚えることに夢中になった。荒《すさ》んだ人生を送ってきたにもかかわらず、俺の肉体は元気がよかった。士官学校や軍隊時代に身につけた知識や能力がだんだんと甦ってきた。第一印象とは反対に「会社」はしっかりと組織され、軍隊にはお定まりの部隊がすべて揃っていた。ただし、階級はなかった。師団や中隊や小隊の指揮官のような職掌があるだけで、職掌によってそれぞれの地位が定められていた。俺は一年契約を結んだ。最初の給料と二回目の給料が支給され、俺は夫として、家族の養い手としての面目を施すことができた。訓練期間中は八万ルーブル（一〇〇〇ユーロ近く）がいつも現金で支給された。それは作戦任務中の給与（一二万ルーブル）の三分の二で、戦闘に参加した場合に支払われる給与（一五万ルーブル）の半分よりわずかに多いだけの金額だったけれど、ロシアの基準からすればきわめて正当なものだった。モスクワ人ならまずまずの給料だったのだ。

新しい人生が俺を待っていた。あとは、俺が戦闘員の仕事をこなせるということを、誰よりも自分自身に対して証明するだけだ。そうすれば、俺が何年も前に分かれてしまった川の流れにもう一度、身を浸すことができるかもしれない。

（1）民間軍事会社では、傭兵たちは戦友の本名を知らないことが多い。各自の秘密を守るため、自分で名前を選びそれで呼び合う。

第2章 ルハンシクでの任務

ルハンシク、二〇一五年夏

訓練センターの脇のアスファルト道路に、普通車両と装甲兵員輸送車が列を成していた。重そうなリュックを背負いながら、ヴォルクはしっかりした足取りで自分の四輪駆動車へ向かい、何も言わずに、部下には後ろの車へ乗り込むように合図した。お前らは勝手に何とかしろというわけだ。俺たちは何とか装甲車に分かれて乗り込んだ。ルハンシク[1]への道のりは長くなりそうだ。それが傭兵としての俺の最初の任務だった。

真夜中に、ロストフ州のどこかでウクライナとの国境を越えた。国境警備隊は俺たちの車列の通過をやる気なく眺めて、小さな川の浅瀬を渡っていく大勢の武装集団が何者なのかには関心がなさそうだった。夜明けにはクラスノドン[2]の郊外にいた。装甲車の分厚いガラス窓ごしに眺めると、街道沿いに多くの戦車や大砲が展開していた。これらの武器や兵器の存在を隠すつもりはないらしい。車列は正午頃にはルハンシクへ到着し、俺たちは複数のグループに分かれて、それぞれに割り当てられた基地へ合流した。

俺たちは、ラトニク（鉾槍兵）の中隊に加えられた。ラトニクはスペッツナズ(3)の元士官で、民間軍事会社ではきわめて優秀な指揮官に数えられていた。俺たちにあてがわれたのはルハンシク州消防士養成センターだった建物で、見るも嘆かわしい状態にあった。俺たちの来る前には分離独立派の民兵たちが占拠していたらしく、どの部屋にも生ゴミや食物のかすがぶちまけられていた。ロシア軍の配給食の空き箱が至るところに転がって、食べ残しの缶詰から腐った肉の臭いが漂い出し、蝿《はえ》がたかっている。擦り切れた衣類やぼろ、壊れた家具など、ありとあらゆるゴミが山をなして、だらしなさの極致だった。トイレもシャワーもすべて詰まり、配管は接合部から文字通りもぎとられていた。水道は来ていたが、洗面台やシャワーまで水を引いていくにはフレキシブルホースを見つけねばならない。腐敗したゴミを町の外のゴミ捨て場に運んでいくのに、大型ダンプカーで一〇往復しなくてはならなかった。俺は、ルハンシク人民共和国の民兵らの精神状態を大いに疑い始めたが、このあとの体験でそれを確信しただけだった。

（1）二〇一四年、ロシア軍はウクライナのルハンシク・ドネツク両州でドンバス地方の分離独立派を支援した。
（2）ルハンシク州の州都ルハンシクから五〇キロにある都市。
（3）ロシア連邦軍参謀本部情報総局に所属する特殊部隊。

ルハンシクは中くらいの都市で、市街化が進み、荒廃の影はあったものの活気に溢れていた。主な商業活動は商店といろいろな種類のカフェやレストランといったところ。郊外には高速道路に沿って、多くの自動車ディーラーのネオンサインが輝いていたが、どこも空っぽだった。はて、車は避難させる暇があったのか、それとも売れたのかと、二〇一四年のルハンシク空港の戦闘に参加した仲間に訊ねてみたところ、笑いながら返ってきた答えは……。

「いや、値引きして売ることもできなかったよ。分離独立派が武器をとるが早いか、車をすべてかっさらっていったからな」

町の中心にある市場では、ロシアからの輸入品とヨーロッパの輸入品が一緒に売られていた。交戦中の両陣営の「国境」を通過して商品を持ち込むには、税金を払いさえすればよかった。つまり、袖の下だ。

戦争が起こるまで、町は着実なペースで発展していた。ホテルやショッピングセンター、レストラン、カフェ、美容院、サウナなどがあってルハンシクは命脈を保っていた。もっとも、いくらかの紛争の傷痕ははっきり残っていたけれど。ミサイル攻撃で映画館のドームが破壊され、集合住宅にはアパート一戸分くらいの穴が開いていた。

俺たちが到着してから二日後に、ラトニクの中隊は敵との接触線へ出発し、俺たちだけが技術兵とともに基地に残された。俺たちの部隊はルハンシク中央病院へ派遣されていた。それはまったくもってつまらない必要からで、ルハンシク人民共和国の当時の状況を如実に物語っている。というのも、分離独立派の民兵、つまり、ルハンシク人民共和国軍の兵士のことだが、連中の間で酒に酔っての乱闘事件が増えていたからだ。殴り合いはしばしば発砲騒ぎにまでなった。病院のベッドに寝かされていても絶対に武器を放さない奴らがいたから。

この任務に携わって、ルハンシク人民共和国市民の品行をゆっくりと観察することができた。すぐに当番医が説明してくれたところによると、これだけ前線に近ければ、一番忙しいのは負傷者の手当てと思うだろうが、実はそうでなくて、顎と顔面の外科治療なのだった。

「銃弾や破片を顎に受けた戦闘員がここへ送られてきてると思うかね？　いやいや、そうじゃない。病床にいるのはほとんど女だよ。われらが反乱兵士の女房や恋人たちなんだ。前線から不機嫌で帰ってきた亭主は、しこたま酔っ払うと、辺りのものを手当たり次第に殴り付けて、弱き女に怒りをぶつけるってわけさ」

俺は病床を覗いてみた。言われた通りだった。どの病室も、顎に副え木をあて包帯を巻いた女たちで溢れていた。

ある晩、俺たちが玄関の石段でコーヒーを飲んでいると、すごく若い看護師がやってきて仲間に加わった。看護師は忌々しい「ウクロピ(4)」に対して怒りをぶちまけ罵り始めた。だが、次から次と溢れてくる言葉を聞いていても、ウクライナ中央政府の何を非難しているのか、俺には理解できなかった。看護師の言葉は、罰としてデザートを取り上げられた子どもの泣き言みたいで、誰を恨んだらいいのかよくわかっていないようだった。

明け方、看護師は二四時間の勤務を終え、前日届いた人道支援の食料品の入った袋を提げて帰っていった。三カ月前から、ここの医療従事者には給料が払われず現物支給になっている。雇い主がただで手に入れた食料品で給料が払われることに、看護師は大して憤慨していない様子だった。それもまた「憎きウクロピ」のせいだと考えているのだろう……。

ルハンシク人民共和国軍の民兵とは何の面倒も起こらなかった。連中は、今では傭兵部隊の監視下にあることをすぐに理解して用心していたから。俺たちが何をやりかねないか、わかりすぎるくらいわかっていたから。モズゴヴォイ(5)の抹殺にうちの「会社」が関与していたという噂は絶えなかったし、ただの盗賊や強盗と化した親ロシア派のオデーサ大隊に傭兵部隊が報復した時の凄まじさを誰も忘れていなかった。

治りかけの男たちは朝早く病院の正門前にある小公園に出て、少し歩きまわったあと、近所の商店へ向かうのが常だった。劣悪で安価なウオッカを慣わし通りに三人で味わったあと、店の裏手にある芝生に寝ころび、安らかに眠り込むのだった。

任務のふた月目になり、俺たちはようやく接触線へ送られた。俺たちの小隊は、ドネツ川の畔にある絵のように美しい集落に陣を構えた。ヴォルクは目端の利くセルビア人の子分を使ってすぐに一軒の空き家を見つけた。内輪揉めに悩まされ始めていた俺たちはその家に落ち着いた。持ち主の婆さんは二〇一四年、戦闘が激しくなった時に逃げ出してしまったということだった。

その家は川の土手の上に建っていて対岸から丸見えだったが、ヴォルクは気にしなかった。もっぱら軍事的な側面にはあまり関心がなかったから。その見張り地点は前線から近く、長い行軍に不慣れなセルビア人たちにはとても都合がよかったのだ。他の連中も満足していた。こうした軽率さがどんな結果を生むか、誰も真剣に考えていなかった。

見張りに立つ合間には、お喋りや口喧嘩や読書やスポーツをしていた兵士も少しはいたが、何よりも圧倒的に多かったのは眠ることだった。セルビア人たちが一日の大半をぐっすり眠って過ごせることに、俺はびっくりした。連中は昼に二時間、夜に二時間、見張り

（4）ロシア人が親キーウ派のウクライナ人を指して使った蔑称。
（5）分離独立を宣言したルハンシク共和国の指導者の一人。暴れん坊で知られ二〇一五年に暗殺された。

に立つのだが、それ以外の時間はずっと眠っていた。

静かで人気《ひとけ》のない小さな村での滞在は終わりを告げ、敵地への偵察活動が始まった。ところが、その偵察はばかげた素人じみたやり方で行われたので、ヴォルクとセルビア人たちに対するロシア人たちの不信はいや増すばかりだった。指揮官のヴォルクはプロ意識のなさで際立っていたばかりか、その無能という疑いを他人になすり付ける才能でも抜きん出ていた。

偵察活動と称して、俺たちはてんでんばらばらに森の中をさまよったあげく、森の外れに長いこと突っ立ったままでいた。いったい何のために敵地でこんなことをやっているのか、誰にもまるでわからなかったし、自分たちが果たすべき役割も理解できなかった。自分のスマートフォンのGPSで位置を確認するヴォルクのあとを、俺たちは付いていっただけだった。これ以上間抜けな状況があろうか。

同様にばかげた話だが、俺とヴォルクの関係はゴミの問題でこじれてしまった。兵士たちの大半は配給食の包装を自分たちが食べたその場に捨てていたが、俺は森の奥に埋めにいった。自分の通った痕跡を隠すためだ。それを、俺が用を足しにいくと思ったヴォルクのスパイが告げ口したのだ。ヴォルクは俺をどやしつけた。お前は辛抱がない、しょっちゅう糞をひねってやがるって。しょうがないだろう、ヴォルクも子分たちも元は警官で、敵の前線の背後で目立ぬようにするにはどうすべきか、まるでわかっていなかったのだから。軍事の勉強をして情報部門で働いたことのある俺と違い、セルビア人たちは映画で見たことしか頭にないんだからな。

婆さんの小さな家で同居しているうちに、部隊のセルビア人とロシア人は完全に仲が悪くなってしまった。ぶつかるのは毎日のことになり、ヴォルクの気紛れと統率力のなさでひどくなっていった。家の中は荒らされ隅から隅まで略奪された。セルビア人たちがいた部屋では家具がすべて壊され、食器がかっさらわれた（あとで俺は、婆さんの食器セットをルハンシクの基地で見つけた）。公平を期して言うなら、俺たちロシア人も婆さんのジャムや果物の砂糖煮を失敬した。婆さんの食料貯蔵庫にあったのを。だが、ほどほどに少しは残しておいた。

俺たちの最後の任務はスロヴィアノセルブスクにある小さな町で行われた。接触線のすぐ近くだ。目標は同じ、敵の陣地を監視すること。この見張りに何の意味があるのか、何の役に立つのか、誰にもわからなかったが、文句を言わず双眼鏡で対岸を観察していた。向こう側には、乳飲み子を抱えた若い母親が大勢いた。まるで、戦争がドンバスの住民の繁殖本能を呼び覚ましたかのようだった。

ある日、町の郊外でラトニクの部下たちに出くわした。みんな息を切らせ、煤《すす》と埃《ほこり》で顔を黒くしていた。前線の向こう側で破壊工作を行ってきたところだった。兵士たちは徒歩で、車両が死傷者を運んでいた。帰り道で指向性地雷が爆発したのだ。傭兵部隊が前線の向こうで襲撃や破壊を繰り返してウクライナ側の防衛を撹乱《かくらん》しているのを知った。砲撃と偵察隊や破壊工作隊の活動、いったいどっちが停戦協定を破っているのやら……。

ロシアへ帰還する前日、俺は思い切ってルハンシクの市場へ出かけていった。食糧のおまけとして配給された煙草のカートンを売るために。値段交渉をしながら話していた地元の若者は、最後に本音を洩らした。

「俺たちは戦争を望んじゃいなかった。あんたらが始めて、あんたらが続けてるんだ。よかったのは、街にホームレスがいなくなったことだけ、みんな軍隊に入っちまったからな！」

俺は不満と失望の入り混じった思いでルハンシクをあとにした。敵対する外国勢力の侵害からロシアの国益を守るという崇高な大義のごまかしと幻想に、突然、気付いたのだった。ルハンシク人民共和国というのは、実のところ、武器を手にした野蛮人どもの一党に人質にとられた人々の暮らす小さな社会だった。その野蛮人どもは、今度は、他の人間たちの意志を代行していた。その人間たちが、道徳的な動機に心を動かされず、何事にもたじろがない連中であるのは明らかだ。幸いにも、今回の任務で俺が武器を使わねばならないことは一度もなかった。だが、俺は疑いを持ち始めた。これは俺が望んでいた道ではないのではないか。自分の行為の結果について考えない、ただの傭兵になるのはごめんだ。兄弟たちを相手に戦うのも嫌だ。ウクライナが一方的に誤っているというのは事実と異なり、ロシアにもまったく非がないと言えないことがわかったからにはなおさら。

ではどうする？　ドンバス地方に送り込まれ、その上、戦わねばならなくなったら。その時にはお断りだ。良識と自分の良心の声に反して行くつもりはない。俺は辞職する。

第3章

新たな任地へ

モスクワ近郊、二〇一五年一二月

搭乗待合室はすぐ一杯になった。軍人が多いが民間人も少しいる、兵站《へいたん》部門の職員たちだ。上等な制服で目立った軍人らが心配そうな、それでいて横柄な公僕の顔つきで、みんなから離れた場所にいる屈強な男たちの群れを驚き眺めていた。というのも、その男たちはちぐはぐな服装をして、ほろ酔い加減だったからだ。

ここまでやってきた専用バスの中では、座席の間に小さな寄り集まりがいくつも自然発生していた。あまりにも静かなのでうさん臭い。案の定、酒が回されていた。だが、偵察部門の総指揮官で俺の上官でもある「バイケル」（ライダー）の求めにもかかわらず、連中がこっそりと酒を飲むのを咎《とが》めるつもりはなかった。第一に、羽目を外すことはなかろうと判断したから。それに、部下の斥候《せっこう》たち（俺は偵察部隊の一指揮官だった）から、地獄の戦場へ着く前の最後のお愉しみの機会を奪わないでやろうと決めていたからだ。シリアでは戦友を失い、自らの身を危険にさらし、血を流すことになるのだ。

一二月の末、われわれはブリザードの中、ロシアを発とうとしていた。細かな雪がウオッカで赤らんだ顔に叩き付けていた。ぐでんぐでんに酔ったヴォヴァンの奴だけは、滑走路を引きずっていかなくてはならなかった。両側から体を支え、軍用品の詰まった重いリュックを手から手へ渡しながら、Iℓ-76(1)の貨物室まで。

軍用輸送機の中は人間と機材があまりに多くて、体をくつろがせようとしても無駄なことだった。貨物室は目一杯に積み込まれていた。車両が数台に梱《こり》や箱、兵士らの装備や私有物。乗客はできるだけ分散して、六時間のフライトがなるたけ苦痛でないようにしていた。傭兵たちは他の乗客より明らかに有利だった。居心地がよかろうが悪かろうが、身の置きどころを見つけるや、たちまち眠り込んでしまったから。ロシア南部にある基地から長い道のりを夜通しバスに揺られてきたあげく、搭乗までうんざりするほど待たされ、それにもちろんウオッカをがぶ飲みしていたので、眠気には勝てなかった。機体後部のランプが閉じられる前から、鼾《いびき》をかきながらこんこんと眠っていた。機体はたちまち高度を増して雲の間を抜け出し、モスクワ近郊の冬景色は夜の闇に呑み込まれていった。

ラタキアの町は地中海沿岸に特有の心地よい涼しさでわれわれを迎えてくれた。二〇一

(1) 大型ジェット輸送機イリューシンIℓ-76。

五年九月三〇日に公式に〔ロシアによる〕シリアへの介入が始まって以来、アサド一族の地盤でもあるこの都市から、ロシアの爆撃機が飛び立っていた。痛くなった手足を伸ばすと、俺たちは積み荷を下ろして、滑走路の縁にばらばらと並べた。出迎え担当の班長はあまり親切でなくて、どの車に誰が乗ったらよいのか教えてくれなかったし、バイケルもさっさと先頭のトラックに乗り込むと、周りのことなどすぐに忘れてしまったので、たいした助けにならなかった。指揮官はめいめいの部隊の面倒を見るべし、という方式を通しただけだった。だから、どの車両に部下と装備を乗せたらよいのか、このしごく簡単な問いの答えを見つけるまでに時間がかかってしまった。結局、くだんの班長は、何食わぬ顔つきで二台のトラックを指してみせたけれど、俺に参謀用の小型トラックに乗れとは言ってくれなかった。偵察部隊の指揮官として俺にはその権利があったのに。ウラル(2)の運転台はどれもすでにさまざまな人間でふさがっていた。それは空軍基地の職員たちで、護衛のような顔つきで乗り込んでいたが、本当は退屈を紛らわすために外出許可をとってきたのだった。

イリューシンの貨物室での窮屈なフライト、出迎え担当者の無礼な態度、そうしたことで俺は完全に機嫌を損ねていたが、まだどうにか自分を抑えていた。何の用もない連中を運転台から荷台へ追っ払ってしまいたいという衝動を。今回の任務を結果の知れない争いで始めたくはなかったのだ。俺が見栄っ張りだという人も多かったし、尊大さが高じれば

「会社」の幹部からも睨《にら》まれかねなかった。俺が古参で地位もあり傭兵たちの尊敬も得ていたなら、参謀用のトラックに席を見つけてくれていたに違いない……。とはいえ、俺は完全には怒りを隠せず、運転台に居座っている連中に向かって「ここに何をしにやってきたんだ、席を独り占めするためか？」と一声浴びせてから、トラックの荷台へ向かった。すると、俺に世間というものを教えてやろうと決めたらしいうかつ者が、みんなを代表して俺に答えた。

「自分を何様だと思ってるんだ？　不満があるのか、間抜け野郎？」

俺は爆発した。こうなると、刑務所暮らしの言葉が口をついて出てくる。止まらなかった。相手はあまりの荒々しさに不意をつかれ、言葉を呑み込んで運転台に首を引っ込めてしまった。出迎え担当者も度肝を抜かれた。いったいどうしたのかと訊ねるので、俺は言い返してやった。

「ぼけっと突っ立ってないで、さっさと、どこへ積み込んだらいいのか教えろって言うんだよ」

基地に着くとすぐさま、そいつは上司に報告した。司令部に呼び出されて説明を求めら

（2）〔ウラル自動車工場の〕軍用トラック。

れた俺は、肩を竦《すく》めて答えた。

「何も起こってはおりませんよ、荷物を積み込んで出発しただけです」

平然とした俺の態度は明らかに参謀長の気勢を削いだようだった。あちらさんもできれば、基地内で一、二の大きさを誇る部隊の指揮官と喧嘩したくなかったのだろう。俺の答えで話は打ち切りとなった。

こうやって俺のシリアでの二度目の任務は始まった。かたや鬱蒼《うっそう》と茂った山並み、かたや白熱の砂漠、オリーブ林に柑橘類の果樹園、古代の砦と神殿の跡、しかし、街にはゴミが散らばっている。この何週間後かには、俺たちは山岳地帯へ出撃して戦争に立ち向かうことになる。だが、この基地に漲《みなぎ》った平和でくつろいだ空気には、戦争を思い起こさせるものは何もなかった。武装した大勢の男たちの存在と戦死した英雄のポスターからそれとなく感じられるだけだった。

われわれ外人部隊が宿営した農業大学のキャンパスは、現地の民間軍事会社の後方基地でもあった。その民兵組織は「砂漠の鷹旅団」という仰々しい名前で、新興財閥《オリガルヒ》のアイマン・ジャービルとムハンマド・ジャービル兄弟の資金によって結成されていた。主な構成員はシリア軍の退役軍人で、精鋭部隊とされていた。その戦闘員はしばしば職業軍人より優秀で、比べものにならないほど給料がよかった。われわれとシリアの民間軍事会社の合意により、ロシアの傭兵部隊は現地の傭兵たちに一通りの軍事教練を施すことになっていた。

俺たちはまず二〇一六年の新年を祝った。祝宴を張って、とはいえ酒はほどほどに。それでも俺たちの気勢は萎《な》えず、お祭り騒ぎは深夜まで続いた。その二日後、国防省が提供した武器と弾薬の第一便がロシアから届いた。いよいよ訓練を始める時がやってきた。しかし、ここ数日ののらくら暮らしから元の状態に戻すには少し時間を要した。ロシアでの訓練はもう遠く忘れ去られ、ここでの戦闘はまだ始まっていなかったから、怠け癖のついた兵士らをしゃきっとさせるため、俺は厳しく対処しなくてはならなかった。チュープ（辮髪《べんぱつ》）の率いる部隊は何の問題もなかった。チュープはロシア軍の元将校で、アフガニスタン、チェチェン、ドンバスと渡り歩いてきた強者《つわもの》だ。その部下たちは年季が入っていてすぐ命令通りに動いた。グルズフの部隊の技術兵たちも心配ない。グルズフは偵察用ドローンの一番の専門家とされていて、俺が自ら指名して今度の部隊に加えてもらったのだ。だが、ザリーフ（湾）の部下たちとなると話は別だ。傲慢で身のほど知らずの青二才どもで、まだこれから軍隊生活のこつを覚えなくてはならない。とりわけ、常に腕を磨きつづける必要があることを肝に銘じねばならなかった。

午前中の訓練は準備体操と日課のランニングから始まった。俺たちは手近にある材料で自炊した。配給のドライフードか近所の商店で買ってきた食品だ。正規の軍隊のような雑役はなかった。正門前に速やかに全員集合すると、キャンパス全体がトレーニンググラウンドに一変した。武器のカチャカチャいう音や号令、叫び声や隊列を作って走る鷹たちの靴音が、至るところに響いた。シリア兵の教練に関わっていないロシア人は、装備を整えて、戦闘での連携プレーの訓練に出かけていった。水辺にある小さな射撃演習場はほとんどいつも一杯だった。傭兵らが腕を磨くためにせっせと通っていたから。そこに宿営していたGRU[1]の特殊部隊の隊員は、傭兵たちが通りすぎるのを不思議そうに眺めていた。いったい何者だろう、なぜ、こんなにしょっちゅう演習場へやってくる必要があるのだろう、と。自分たちは滅多に足を踏み入れることなどなかったから。

ロシア人教官の監督のもと、サディーク[2]は部隊ごとの特別プログラムに従って訓練していた。迫撃砲手は兵器を組み立てたり運搬用に解体したりしていた。歩兵はさまざまな戦術のテクニックを実践していた。機関銃手やロケット弾の砲手は武器の操作に慣れようとしていた。ところがまもなく、われらが友「砂漠の鷹」は模範生になる気などさらさらないことがわかってきた。反復するのはお気に召さないようで、一度うまくできると、同じ動作を何度も何度も繰り返すことの意義を理解しようとはしなかった。このような連中が戦争の科学に秀でることは決してないだろう。それがシリアでも指折りの優秀な部隊だというのだから、正規軍の実態は推して知るべしである！　七〇年間、一度も戦いに勝ったことがなく、イスラエル軍やトルコ軍に負けっぱなしなのは、驚くにあたらない。シリア人にとって、戦争というのは二つの群衆の衝突以上の何物でもなく、手元にあるもので撃

（1）ロシア連邦軍参謀本部情報総局。
（2）アラビア語で「友だち」。ロシア人の間でシリア兵はそう呼ばれていた。

ち合い、運のいい方が勝利するものなのだった。

ロシアから物資が届くたびに、われわれの武器庫は充実していった。約束されていた車両がついに手に入ったので、俺は大満足だった。とはいえ、小型トラックはすべてグルズフに譲らねばならなかった。戦場での主な偵察手段であるドローンを運ぶため、軽量で高速の車を必要としていたからだ。カマーズやウラル〔いずれもロシアの著名な自動車メーカー〕の軍用トラックは「会社」の一般の用途に充てたので、またしても俺用の車はなくなってしまった。前回の任務の時と異なり、同盟軍（シリア軍と正式のロシア支援軍）の司令部では、傭兵部隊を地上戦の主力に据えようと決めていた。それを知っていたから、俺たちは真剣に準備していた。

第5章 サルマ

　ラタキアの風光明媚な山岳地帯は、至るところに絶壁と草木の生い茂った峡谷があり、勤勉な人々が住んでいた。戦火の中にあっても町や村はどこもきちんと維持され、大理石で彩られたモスクがあり、われわれに住民へ対する尊敬の念を起こさせた。沿岸部より厳しい気候にありながら、肥沃な丘には柑橘類をはじめとする果実や、ロシア兵には実にエキゾチックに見える野菜が栽培されていた。樹木の密なこの起伏は、反政府武装勢力の主体である自由シリア軍の反徒とヌスラ戦線〔スンニ派の反政府組織〕のイスラム戦士《ジハディスト》にとって格好の隠れ蓑《みの》にもなっていた。

　イデオロギー的な土壌もまた反政府勢力にとって好都合だった。とりわけ、この国に長らくはびこってきた地方氏族間の格差のせいで、土地の住民は沿岸部の住民を快く思っていなかった。諜報機関ムハーバラートの力を借り、支配階級は国の収益のおいしい分け前から他の氏族を巧みに遠ざけてきた。イスラムの教義の不一致や戒律の微妙な違いも無関係とは言えないが、むしろそれは触媒の働きをして、国民の間にくすぶる憎しみをさらに強め、国民同士の殺し合いを正当化していたのだ。この憎しみはまた、アサド軍の兵士らによっても絶えず掻き立てられてきた。というのも、戦闘での明らかな無能さを隠蔽するために、政府軍の兵士は遠慮なく略奪と弾圧を繰り返してきたからだ。それを将軍らも認めていた。そうした暴虐や収奪の行為を、政府に反対し役人に歯向かった者たちへの罰であるとして、政府は擁護していた。

トルコも隣国の内部抗争に付け込もうと考えて、火に油を注いだ。自由シリア軍に武器や弾薬を供与しただけでなく、軍事顧問団を派遣して、表立って戦場で作戦の指揮を執らせることも多かった。

この戦争は長引くことになる。

ラトニク中隊と俺の偵察部隊は、アサド軍の援軍としてシリア北西部へ送られた。ロシア空軍が介入して以来、政府軍は攻勢に転じ、それまで失った地域を奪還していた。この作戦のため、われわれはタッラに基地を構えた。タッラは丘の斜面に点在する小さな集落の一つで、そこからはサルマの町がよく見えた。村の長老は、住人が見捨てて逃げ出した家のあとへ入るといい、と勧めてくれた。ロシア軍の司令部が使っていたのも空き家だった。サルマからさらに北のトルコ国境にかけての攻勢で、砲兵部隊と歩兵部隊の作戦を連携するために来ていたのだ。シベリアからやってきたGRUの特殊部隊が安全を確保していた。シリアで、俺がこのしぶとい奴らと顔を合わせたのはいつも戦線の後方のことで、総司令部の警備か将軍の護衛をしていた。前線で見たことも戦闘に参加しているのを見かけたこともなかった。

シリア軍との共同作戦が始まった当初、この地域でロシアの軍人が何をしているのやら、俺たち傭兵にはよくわからなかった。最初は、奴らに対する尊敬と好意の気持ちしかなかったが、それは続かなかった。そうなるのも当然だろう。俺たち傭兵が突撃し、敵の攻撃を撥《は》ね返し、死傷者を出している間に、ロシア軍の軍人ときたら、インタビューに答え、臆面もなく自分たちの手柄を語り、いわゆる国への奉仕に対して勲章を貰っていたのだから。だが、そういうのはみんなあとで知ったことだ。ここへ着いた早々には、連中と会えて嬉しかった。「よう、兄弟！　あんた、どこの出身だい？　こっちへ来いよ、紅茶かコーヒーでもどうだい？」てな具合で。

今度の作戦を統括するロシア軍の連絡将校はインテリの顔をしていた。みんなは単にセルゲエヴィチ[1]と呼んでいた。セルゲエヴィチの役目は、シリア軍と傭兵部隊、そしてロシア軍の砲兵部隊と空軍の協力関係を構築することで、タッラへ到着したわれわれに手早く戦況について説明し、前線への出撃時刻を決定した。われわれの目標は簡単ではなかった。

サルマでの劣勢を一気に挽回しようとするシリア自由軍の反撃を撃退しなくてはならない。とうの昔にお払い箱のウラルやガズ〔いずれも自動車メーカー〕からなるわれわれの車列は、唸りを上げ、残る限りの力を振りしぼり、山岳地帯へ向かって進み始めた。先頭を行くのは特殊部隊の「チーグル」(2)だ。まるで、老いも貧乏も知らない元気溢れる若者が、老いぼれ兵士の一団を食堂へ引率していくみたいだった。

一時間あまり、くねくねと曲がる道や狭い坂道を上っていった末に（俺たちのくたびれたトラックは二度、三度と試みてようやく這い上がれた）、一九四三年のスターリングラード〔一九四二～四三年、独ソ間で激戦が繰り広げられ廃墟と化した〕のように荒れ果てたサルマの近郊が見えてきた。車列は町の中心を越えると、北の郊外で停止した。そこは道に沿って土手が続き適当な隠れ場所になる。われわれはすぐにシリア兵らの様子がおかしいのに気付いた。連中は敵の銃撃を避けて、ヒマラヤ杉の小さな林に覆われた丘の背後に隠れていた。セルゲエヴィチはラトニクと俺を呼び寄せ、シリア人の指揮官から戦況報告を聞いた。通訳が訳している間も、向こうは怯えて困惑したように突っ立っていた。

状況は緊迫していたが、珍しくはなく予測できたものだった。敵が早朝に攻撃をかけてきて、町の北の外れにあった味方の陣地を奪ったのち、どうやら兵力を結集して新たな攻勢を用意しているようだった。それより遺憾だったのは、アサド軍の戦車二両が敵の手に渡ったことだ。政府軍の兵士は戦車を放り出して退却したのだった。

時間はなかった。ドゥヒ(3)は今にも動き出すかもしれない。われわれが敵と対等の条件に立ちたいと思うなら、有利な場所に陣を構えなくてはならない。戦車の一件は嫌な予感がした。強力な大砲を備えた装甲車両に応戦するこちらの能力には限界がある。だが、泣き言を言っても始まらない。ラトニクはただちに防御の準備を始め、町の外縁に兵を分散した。泰然自若のセルゲエヴィチの命令で、俺は偵察隊を連れて司令部を置ける家を探しに出発した。重火器が配置され、監視兵が位置につくと、すぐに見張りの報告が伝えられた。反乱軍は小さな集団に分かれて移動していた。家が密集した峡谷にも、われわれの陣地の向かいの、直線距離にして三キロばかりの丘の上にもいた。

破壊された建物の間にある瓦礫《がれき》を急いで取り除き、二脚と鉤爪《かぎづめ》をコンクリートに固定すると、すぐさま、コルド重機関銃と大口径ＡＧＳ擲弾筒《てきだんとう》の砲撃が始まった。監視兵の指示

(1) 父称、セルゲイの息子という意味。ロシアでは〔敬意や親しみを込めて〕父称で呼ぶことが多い。
(2) 軽装甲軍用車両。
(3) ペルシャ語で敵を意味する「ドゥシュマン」を縮めたもの。アフガニスタン戦争の時にソ連の兵士がイスラム戦士（ムジャーヒディーン）のことをそう呼んだ。それ以降、アジアや近東の敵のことを指すのに使われる。

に基づいて砲手が目測で照準を決め、結果を見ては修正する。まもなく、狙撃兵も銃撃に加わった。狙撃手はいつもゆったりした調子で移動し、ひとたび自分で射撃場所を見つけると、あとは誰にも邪魔されない。ミールヌイ（平和な男）とゴバは長距離射程のマンリヒャー[4]で狙撃を始めた。ぼんやりした奴や隠れ場所の悪かった奴は格好の標的になる。ラトニクは部下たちを鼓舞して、自分が最適と思う地点へ進ませた。

　対戦車ミサイルの発射が空気を切り裂いた。巨大なマルハナバチの羽音のような、耳をつんざく唸りが続いて、敵に奪われた戦車の一両に命中した。これで俺たちの重大な危険の一つが除かれた。もっとも、あの戦車を発進させて大砲を俺たちの方角へ向けることのできる搭乗員が反乱軍側にいたとしての話だが……。重機関銃が連続射撃を繰り返し、自動擲弾筒が猛犬のように吠えて台座の上でバウンドする。射程の長い狙撃銃が単発の銃声を響かせる。双眼鏡を持っている誰もが丘に目を凝らし、監視兵が標的を見つけ出して叫び声を上げる。もはや走る力もなく足を引きずりながら、兵士が次から次と銃弾の重いケースを運んできた。貪欲で飽きることを知らぬ火砲に餌をやるために。

　セルゲエヴィチが鷹たちの指揮官とひそひそ話していたと思ったら、俺に左手にあるモスクを指して、側面を見張るために兵を送り込めと命じた。司令部のそばに群がっていた数人のシリア兵が俺たちと一緒に来るはずだったが、ロシア人部隊の到着で大胆になっていたとはいえ、鷹たちは自分らが安全と思う場所から出ていくのを断固として拒否した。結局、俺はゾードチイ（建築家）と三人の兵を送り込んだ。傭兵はたまに命令に異議を唱えることはあっても、逆らおうとは絶対に考えない。俺の方はと言えば、残りの兵を従えて、裏手が敵の陣地に面する建物へ移動した。そこは便利な場所だった。堅固な二階建てで、二階のいくつもの場所から、ラトニクらのいる前線の前に広がる空間が広く見渡せた。ラトニクたちが頼みの綱だった。俺たちの方にはたいした武器がなかったから。一方、敵側はペチェネク機関銃と自動小銃《アソールトライフル》で、ロシア側からの奇襲に備えて側面を固めていた。

突然、味方が正面の丘の頂《いただき》に砲火を浴びせ始めた。傭兵部隊の銃弾が届かないところにいる敵を撃滅する。その耳ざわりな音にシリア軍の対空砲〔このあともしばしば登場するが地上の目標に向かって用いる〕の轟音が加わった。政府軍の部隊は敵を撃退するのに十二分の装備を備えていたが、最大の問題は、どんな小競り合いでもパニックになってしまって踏みとどまれないことだった。

俺は隠れ家の最も安全な側から抜け出して、司令部へ向かった。責任者の誰かをつかまえて戦況について話し合い、ついでに、俺の位置をラトニクとセルゲエヴィチに伝えても

（4）オーストリア製のボルトアクション式ライフル。

らうためだ。誰もが自分の持ち場についていた。俺の部下たちは前方と側面の様子を監視し、突撃兵らは銃撃を緩めず敵の動きを完全に封じていた。夕暮れが近付き、敵はわれわれの火砲に圧されて疲れていた。

戦闘の趨勢《すうせい》は誰の目にも明らかだった。自由シリア軍は攻撃の機会を逃して損失を被り、傭兵部隊に阻まれて前進できる状態になかった。被害はあまりにも甚大だった。同盟軍は勢いを盛り返し、失った陣地の奪還に前進していた。ラトニクはゾードチイたちをモスクから呼び戻した。アサド軍の兵士らが代わりに入ったからだ。

俺は司令部のそばの壊れた欄干に寄りかかり、煙草を点《とも》した。重くて着心地の悪い防弾チョッキに胸を締め付けられ、秘かな震えが全身を駆けめぐった。太陽が丘の向こうに沈みかかっていて、もう熱さは感じない。戦闘服の下で、たっぷり汗を吸い込んだ衣服が冷えてきた。しまった、暖かいジャケットをトラックに置いてくるんじゃなかった。トラックは弾薬を取りに出かけてしまった。俺はいら立ち紛れに唾を吐いた。と、その時、ひゅっと鋭い音を立て、対戦車ミサイルが俺の頭上を越えていった。

ミサイルの音が俺の意識に跳ね返った瞬間、俺は足元をすくわれ、胸牆《きょうしょう》の後ろへ落下した。爆発音を聞いて俺は飛び起き、司令部を見た。奇跡的に、ミサイルはぎりぎりで窓をそれ、屋根を越えて裏手にある断崖に当たっていた。遠隔誘導のロケット弾がこんなにはっきり見える標的を外すなんて信じられない！　司令部の中にいた連中はみんな外へ走り出て、土手の上に散らばった。セルゲエヴィチが移動を命じた。敵から見えすぎだったのだ。

二発目の対戦車ミサイルが、敵に奪われたもう一両の戦車を始末しようとしていた味方の兵士たちの上に落ちた。防御は万全と過信するあまりに位置を替えようとせず、敵から狙いを付けられているかもしれないとは考えてもいなかったのだ。爆発に吹き飛ばされた兵士たちは速やかに安全な場所へ運ばれた。確かに今日はわれわれの勝利だったが、止めを刺されなかった獣はまた咬《か》み付くだろう。それが戦争の基本法則の一つだ。

俺たちはミサイルを発射した敵を探さなかった。すでに今日は長い一日だったし、よく働いた。対戦車砲の砲手が脳震盪《のうしんとう》を起こしたくらいで、味方に犠牲者は出なかった。同盟軍の兵士らは失った陣地を取り戻し、安心して意気軒昂だった。少し経てば、ロシア空軍があとの仕上げをしてくれるだろう。だから、俺たちは心安らかに帰途につくことができた。タッラの基地へ。

第6章 世の中の支配者たち

われわれは、くたびれた大型トラックにはあまりに狭すぎる九十九折《つづらお》りの道をゆっくりと前進していた。傭兵部隊には最新の装備がなく、正規軍のロシア兵が新品のカマーズやチーグルを乗りまわすのを羨ましげに眺めていることがよくあった。あるいは、シリア軍の兵士が最新型のトヨタやＧＭＣに乗って通り過ぎるのを見て、落胆して唾を吐くこともあった。平時でも通行困難なこの辺りの山道は、この時期にはいっそう危険になった。雨によって侵食され、大型装甲車両の重みで亀裂が走り、いつ何どき崩れて車両が崖下へ転落するかもしれなかった。

突然、スモークガラスのアメリカ製大型四輪駆動車が路上に姿を現した。避けようとする様子もまるでなく、こちらへ向かって突進してくる。それが諜報機関ムハーバラートの車だというのは人目を引くマークでも知れたし、この国で車を走らせているのは自分だけだというような運転手の断固たる態度からもわかった。申し訳程度にもこちらの車列を通そういう素振りはない。トラックは（たとえ望んだところで）いくら幅寄せしても大型の四輪駆動車をそのまま通すことができないのは明らかなのに。

戦闘の興奮の冷めやらぬ傭兵たちは、シリアの情報機関のお偉いさんに譲歩するつもりはまったくなかった。連中に対して軽蔑しかなかったのだ。俺たちはみんなプロの戦闘員で、戦争地帯で防諜活動が何の役に立つべきものかを熟知していた。それは、戦場での命令の実行を監視する、兵士や将校の士気に心を配る、略奪や正規の裁判を経ない民間人の処刑を阻止する、敵のスパイや破壊工作員を見つけ出す、ということだ。だが、実際には、ムハーバラートはそういうことを何もしていなかった。わずかな危険があってもシリア兵は逃げ出し、指揮官は戦略面で役に立たず、まったく愚かな命令を出すこともよくあった。シリア軍の兵士はほとんど誰でも略奪に手を染め、脱走も頻繁だった。さらに悪いことには、前線に近い道路で、ロシア軍の将軍が反乱軍の待ち伏せに遭って命を落とすということがあった。これで情報機関の評判は地に落ち、内部改革が始まるかと思いきや、何も変わらなかった。満ち足りた諜報員《ゴリラ》どもは依然として我が物顔にふるまっていた。だから、俺たちに引き下がるつもりはまったくなかった。

四輪駆動車はスピードを落とし始めた。こちらが道を譲らないとやっとわかったらしい。こちらの先頭トラックの運転手の威嚇《いかく》と罵《ののし》りに後ずさりしてから、路肩へ車を寄せた。

俺はうつらうつらしていた。今日はへとへとに疲れた。だが、運転席に座っていたいと思ったら、昔からのルールに従わなくてはならない。つまり、運転手の隣に座った乗客に眠る権利はない、ハンドルを握っている人間を常に見守ってやらねばならないから。運転手だって人間だから、疲れて居眠りすることもあるのだ。ムハーバラートの腰抜けどものことを糸口に、俺と運転手は会話を始めた。俺たちは連中の間抜けさや我が物顔のふるまいを槍玉に挙げて、悪口を飛ばしたり腹の底から笑ったりした。

世の中の支配者どもめ！　いったい何台、あの手の車が、同じようにロシアの道を我が物顔に走りまわっていることか？　他人には目もくれず、法律も最低限の礼儀も意に介さず？　そうした高級車の中では、どれだけの役人やら強欲な実業家やら、そいつらの出来損ないの子どもやら、ロシア側に寝返ったチェチェン独立の指導者〔チェチェン共和国首長のガドイロフ親子を指すと思われる〕やらが（連中が罰せられぬのは破廉恥でさえある）、自らの偉さに酔いしれていることだろう。連中を引きずり下ろして当たり前のルールを守らせることは、我が国でははるかに難しい……。

嫌なことを考えていたら眠気も吹き飛んでしまった。嬉しいことにタッラの町並みが見えてきた。われらに休息を。明日はまた仕事が待っている。

第７章 指揮官の苦労

山の斜面にへばりつくようにあるサルマの町はゴーストタウンと化して、ついに一月の末に解放された。その数日後、俺たちはシリア軍の偵察部隊に随行して隣村を視察した。そこで目にしたのは完璧な防御態勢だった。才能ある築城家の技術の賜物だ。見かけは弱々しいが、ブロック塀は内側から石を詰め込んだドラム缶で補強され、実際は強固な障壁となっている。家々の玄関脇のコンクリートに穿《うが》たれた窪みは、銃撃戦の時には射撃手の身を守ってくれるだろう。爆撃で歪んだ鉄筋コンクリートの家は立派な掩蔽壕《バンカー》に改造され、大通りとそれにつながる小路を監視下に置くことができた。俺たちは慎重に、そしてシリア兵らは雑然と騒がしく視察を続けたが、それでわかったのは、ドゥヒ（敵側のアラブ人）はせっかく要塞化したこの村を使わずに逃げ出したということだった。

サルマへの帰路は坂道が延々と続き、山の小道ではなく舗装されているとはいえ、上り坂は辛かった。弾薬を背負い、俺たちは一歩一歩ゆっくりと進んだ。潜水服をつけ、息を切らし、ふくらはぎの痛みをこらえながら歩くダイバーのように。おまけに、足を早めることも呼吸のリズムをつかむこともできなかった。というのも、先頭を行くシリア兵がしょっちゅう休憩のために止まっていたからだ。規則によって俺たちは追い越せなかった。住宅地を離れたら、俺たちがしんがりを務めねばならなかった。途中から、俺は、自分の部下たちも頻繁に立ち止まって休息し、遅れた者を待つ必要があるのに気付いた。キャンパスでの教練で戦術訓練を優先し、肉体の鍛錬を疎かにしたことを思い返すと、腹立たしかった。その結果、今頃になって山の中を移動する持久力が足りなくなったのだ。実は、傭兵には、自分の体力は万全と過信して、体力テストやクロストレーニングや筋力トレーニングなど上官が気紛れにやらせることだと思っているところがある。それに、シリアに派遣される前の訓練プログラムは、時間不足でかなり限られていた。戦闘装備一式と同じ重さになるように、兵たちに砂袋を担がせてもっと走らせておけばよかった！　今や、兵士の大半は坂をだらだらと上り、決められた隊列も乱し、戦争で気を緩められるのは歩《ほ》哨《しょう》の立つ宿営地に戻って寝床に体を沈めた時だけだということまで、疲れですっかり忘れてしまっている。まだ虱《しらみ》潰しに調べたわけでなく、おまけに解放されたばかりの町の近くで、警戒を解いてしまうのは容認できない。俺は規律を守るように言いつづけた。俺が寛大でありすぎたための結果がこれだ。もっと厳しい訓練を課すべきだった。たとえ兵士たちが疲れていても。そうしていれば、限界の努力にも耐えられたに違いない。連中の武勇伝もチェチェンやドンバスでの体験も、過酷な肉体条件に屈してしまったら一銭の値打ちもない。連中と話したり、哀れんだり、甘やかしたりすべきではなかった。無理やりでもやらせるべきだった。そして、どうしても言うことを聞かない奴には、出ていけと言えばよかったのだ。

さらに悪いことに、俺は、ザラトーイ（ゴールド）を罰としてラタキアへ送り返すことに決めていた。それでいっそう不機嫌だった。泣きたいほどつまらない理由で、熟練の兵士を手放さねばならなかったから。理由とは、自らの指揮官である俺をたった一人で、護衛もせずにおっぽり出してしまったことだった。俺がシリア軍の偵察部隊と交渉していた間に、みんなと一緒に先へ行ってしまったのだ。振り向いてザラトーイがいないのに気付いた俺は、部隊を率いているゾードチイを呼んで、少し独立心を発揮しすぎた斥候を見つけてもらわねばならなかった。ザラトーイが懐を肥やしたいという欲望に負けたのではないか（住民は着の身着のままで逃げ出し、ほとんどの家は慌てて放棄されていた）という考えを頭から追い払いながらも、それ以外には説明のしようがなかった。勘違いしたのだとか姿を見失ったのだとかいって、ザラトーイが弁解しようとした時、俺はきっぱりと言い返してやった。お前が自分の任務を理解できなくて、指揮官を一人にしておくようだったら、ここにお前の場所はない、と。

　またしても前方がのろくなってきた。今度は機関銃手だ。仲間が助けてやらなかったので、疲れて道端に座り込んでしまったのだ。俺はうんざりしてきた。シリア軍の斥候は俺たちと違ってほとんど手ぶらで歩いているのだから、軽機関銃や弾薬を持ってやればいいではないか。俺たちは立ち止まって待たねばならなかった。

　ようやくサルマの郊外で待っていたトラックに分乗して、俺たちはタッラへ向かった。基地に帰ると、俺たちは偵察の報告のために集まった。すべては俺の予想していたようになった。俺がザラトーイに対する苦情を並べると、返ってきたのは奴を弁護する声と、厳罰は勘弁してほしいという本人の言葉。俺は承諾した。ただし、保護観察期間を設けて、ちょっとでもへまをしでかしたらクビにするぞと脅して。

　魔が差しただけなのは明らかだった。戦争では時が経つとともに、サバイバルの至上命令は鈍りがちになる。ザラトーイは戦闘では優秀な兵士だった。素朴で経験豊かで。だが、目の前に危険が迫っていなければ、たちまち気の緩むところがあった。敵の待ち伏せや自爆攻撃を予期してはいなかった。だが、たとえ現在のところ、この町にドゥヒは残っていないとわかっていたとしても（交通の要所となる戦略拠点を、敵はむざむざ占領されたままにしておかないだろう）、警戒を怠ることは絶対に許されなかった。

ずっとあとになって、俺は病院のベッドで当時のことを思い返した。部下に単純だが必要な命令を実行させるために、俺が時間とエネルギーを費やさねばならなかったのは、あの時が初めてでも最後でもなかった。指揮官の権限を行使して一人か二人、給料なしで送り返してやることもできたし、そうしてやればよかったのだろうが、俺はそんなことを一度もしなかったし、それをあとから後悔することになった。

ある日、部下に大便用の穴を掘るように命じたことがあった。すると、連中は猛反対した。俺が自分らを辱めようとしているという。どうしたいんです、隊長？　茂みに入ればちゃんと用を足せるじゃないですか。だが、それは危険すぎると俺は考えていた。前線は近いし、シリア軍の防衛体制は脆弱だし、敵の破壊工作員が潜入している可能性は十分にある。喉を掻き切られる危険を冒して藪《やぶ》の中に隠れるより、歩哨からよく見える場所にしゃがんで用を足した方がよいのだ。必要なら部下に罰を与えなくてはならないと、俺はいつも自分に言ってきた。だが、いつも最後の瞬間になると、無駄な寛容さを示していたのだった。

入院している間、俺には兵士を指揮する資質が（傭兵部隊の特異性を考慮に入れたとしても）まったく欠けているように思われた。俺のやるべきは、男たちを教練するだけでなく、規則の通用しない環境で生き延び、勝利する術《すべ》を教えることだった。そこでは、指揮官の地位は階級で決まるのでなく、部下たちから寄せられる人望と信頼に基づいていなくてはならない。厳格な序列があり、上官が部下に向かい「黙れ、決めるのは俺だ、お前はクソみたいなものだ」と言って憚《はばか》らない軍隊とは異なり、傭兵部隊では、指揮官の役割はその役目に最も適した人間に与えられる。さらに、一種の民主主義のようなものがあって、訓練であろうが改善点であろうが、集団で意思決定がなされる。

俺がやらねばならないのは、武器が進歩するにつれて戦術は変化していくかもしれないが、戦争におけるサバイバルの法則は変わらないと、兵士に説明することだった。慎重さの初歩的なルールを守るのを屈辱的と感じる兵がいたら、そいつはすぐさま部隊を去ったほうがいい、仲間を危険にさらすよりは。戦場では、誰か一人のわずかな不注意が全員に害を及ぼしかねないのだ。訓練で兵士を疲れ果てるまでしごくことはできるかもしれないが、どんな些細なことにも気を配る必要のあることを教え込まなくては意味がない。小さなことを忘れると、全員の努力が水泡に帰すこともあるのだ。

自分の既成観念を超えられる人間は決して多くはない。おわかりかな。「男たるものは」へいへいと便所掘りをしたりすべきでない、自分たちは戦うためにやってきたので、地面を掻きまわすために来たのではない、というわけだ。尊大さやプライドは愚かさの印で、軍人のプロ意識とは何の関係もないことをわかっていない。そういう連中は傭兵になるべきではないだろう。

また、傭兵たちの別の側面に面食らうことも多かった。自信過剰である。いかにも経験豊富なベテラン戦士が、現実の戦場では役立たないと言って、単純だが重要な規則を守らないことだ。自分たちの獲得した知恵を忘れ、その場その場の状況に左右されてふらふらと行動する。規則を尊重するには意志と自制心が求められる。だが、そうした資質が自分に足りないと、必ずしも誰もが認められるわけではない。実のところ、こうした歴戦の勇士の戦争体験のすべては、自らのへまから陥ってしまった深刻な事態から無事に生還できた、という幸運の一言に尽きることが多いのだ。最悪なのは、そこから何の教訓も学んでこなかったということだ。

俺が一貫して厳しく対処せず、時どき妥協してきたのは正しかったのだろうか？　このことを自問するたびに、いつも同じ結論に行きつく。どんな事態においてもそれに見合ったアプローチが必要で、あらゆる過ちを同じように裁くことはできない、ということだ。

第8章

中休みの日

空には雲が垂れ込め、絶え間なく雨が降っていた。ある時は滝のように激しく、ある時は靄《もや》のように、灰色の塊が空中に浮かんでいた。峡谷の西側斜面の頂《いただき》に立つ村は、陰鬱《いんうつ》な湿気に沈んでいた。家も樹木も霧や雨に霞んで、気が滅入るようだった。この地方で雨が多く降ると、戦闘はいつも厄介になった。坂道は滑りやすく、ほとんど通行不能になり、厚い雲が稜線を覆って視界が利かなくなる。突風が吹いて偵察用ドローンの飛行が不安定になり、バッテリーが早く消耗する。とはいえ、天候に苦しんでいたのは最新式の情報ツールというより、むしろ部隊の移動や作戦行動だった。

すでに二日前から何の任務もなく、俺たちは暇をもてあましていた。この思いがけない戦闘の中休みの大部分は休息に充てられた。俺たちは体力を回復した。昼寝の合間にちょっとした手仕事をしたり、機材やドローンを点検したり、銃に油を差したり掃除したり、弾薬を仕分けしてそれぞれの部屋に置かれたストーブのそばで乾かしたりしていた。

朝のミーティングでも、ラトニクから取り立てて指示はなく、俺たちに用心を怠るなと注意しただけだった。俺は部屋から部屋へぶらついた。狙撃兵たちの部屋に顔を出すと、すっかりくつろいでとりとめもないお喋りに興じていた。廊下の奥にある通信室では、無線で何か面白そうなことを言ってないかとムジカント（音楽家）に訊ねたが、何もない、日常の決まりきったやり取りだけということだった。ベランダで、コーヒーを沸かそうとオイルバーナーをいじくっているタンに出くわした。奴のコーヒーは絶品だ。

タンとの付き合いは長い。二〇一五年のシリアでの一回目の任務の時以来だ。その時から俺たちの友情は生まれた。年齢も経験も円熟していたタンは、若い奴らより好感が持てた。若い奴らは白髪の一本もなければわずかな腰痛もない。競争心と大胆さに溢れ、まだ苦労を嘗《な》めたこともないのだ。だが、タンと真の友情が結ばれたのは、セルビア人指揮官ヴォルクとの不快な出来事があってからのことだ。

ヴォルクは軍隊のことは何も知らず、好んで危険に飛び込んでいくような奴だったが、同時に見栄っ張りでもあった。警察学校を卒業し、戦術のことは漠然としかわからなかったが、自慢できるチャンスがあれば絶対に逃さず、いっぱしのベテラン気取りで臆面もなくみんなに教訓を垂れていた。外国で生き延びるにはヴォルク様の力と権威におすがりするしかないと思い込ませ、部隊のセルビア人全員を支配していた。セルビア人傭兵の大半もやっぱり警官出身で、その行動はプロの兵士を戸惑わせることが多かった。とはいえ、概して悪い奴らではなかったし勇気もあったけれど、ヴォルクの影響を受けて、任務に必要な義務を逃れるのがうまくなってしまい、ヴォルクが指揮官だった短い間に、セルビア人と他の兵士たちの間に緊張が生まれていた。ヴォルクは分断して支配しようとしていたのだ。生死のかかった戦場で部隊にこうした軋轢《あつれき》があることは惨事につながりかねない。

シリアに来てから、ためらいはあったものの我慢できなくなって、ヴォルクを何とかしてくれと俺はベートーベンに直訴した。具体的な事例を挙げて、隊長としての無能さを説明し、他のロシア人の証言も聞いてほしいと訴えた。ベートーベンはしかるべき行動をとった。兵士たちを集めて意見を聞いたのだ。全員が一致していた。もはや誰もヴォルクには我慢ならず、あいつの指揮下で全滅するんじゃないかと危惧していた。そこで、ベートーベンは訊ねた。部隊の指揮を執れるのは誰か、誰の命令になら従ってもよいと思うのか、と。すると、ほぼ全員の目が俺の方に向いた。かくしてこのたびの任務では、俺が部隊の指揮を執ることになったというわけだ。

ロシアの訓練センターに帰還したヴォルクは、今度の一件はすべてサボタージュで、部下だった連中は解雇に値すると報告した。あいつは悪知恵を働かせ、陰謀を企んだとする人間のリストからわざと何人かの人間を省いていた。タンも省かれた一人だった。俺たちを攪乱《かくらん》しようとしてのことだったが、計算通りにはいかなかった。兵士たちの集会で、タンはセルビア人たちの列には合流せず、これまで任務をともにしてきた俺たち「謀反人」のグループに、悪い足を引きずりながらやってきたからだ。

参謀部の将校らの態度には大いに驚いた。事件を掘り下げて対立の原因を理解しようとしなかったからだ。ヴォルクの報告を受けて、参謀部はあいつの要求通り解雇通知を渡すと約束した。「謀反人」は全員クビにするぞと脅され、それを撤回させるには、ベートーベン自らの仲裁が必要だった。解雇通知は署名されず、部隊は解散され、自らの任務を誠実に果たした兵士たちに不安を与えてはならないという命令が下された。

この事件から俺は教訓を学んだ。兵士らを一貫して徹底的に訓練しようという気が指揮官になければ、連中は無気力で怠惰な群衆と化してしまうということだ。意味ある作戦に常に携わっていなければ、部隊の中で陰謀や悪意の噂がはびこる。戦場では、こうした部隊はたちまちまとまりを失って、コントロールが利かなくなるのだ。

さて、タンは俺を見て喜び、二人でコーヒーを啜《すす》りながら無駄話をした。タンが淹《い》れてくれたコーヒーはかぐわしく、微かにショウガの味がしていた。俺たちは静かに前回の出来事、つまり一回目のシリア侵攻のことについて話した。当時、ロシア兵の到着は、空港の出迎えの役人から普通の庶民に至るまで、偽りのない喜びで迎えられた。それは俺たちにとって嬉しい驚きだった。四年間の内戦が続いたあと、国民は将来に対する不安の中で暮らすのに疲れていたし、気力のない自国の軍隊にも隣国の同盟軍にも、たいして期待していなかったのだ。だから、ロシアの参戦はまさに熱狂で迎えられた。一見したところ、この国を引き裂く内部抗争の印はどこにも見当たらなかった。店頭には商品が山をなし、商売はどこでも活気があった。食料や生活必需品が不足している様子は微塵《みじん》もない。何の不自由もなく陽気で暇そうな群衆が街を歩きまわり、その中には大勢の若者がいた。日が暮れるとカフェもレストランも客で溢れた。前線から戻ってきた兵士たちの話を聞いて初めて、すぐ近くで戦争が起こっていて、毎日銃撃が交わされ、人々が死んでいることに気付くのだった。

この一回目の任務では、傭兵部隊はシリア北西部のイドリブ県に展開される予定になっていたが、結局、われわれが戦闘に加わることはなかった。それでも、われわれは用意万端整え、最前線にいて敵を監視し、来たるべき戦闘に備えていたのだが、悲劇的な出来事ですべてが引っくり返ってしまった。それは、俺にとって初めての死との出会い、荒々しい死との遭遇だった。

ドゥヒの放ったミサイルが着弾した時、俺とタンはテントから一〇メートルほど離れた場所にいた。ロケット弾は予告もなく落ちてきて、テントの中の爆発音だけが聞こえた。

俺はテントに足を踏み入れ、恐怖の光景に動けなくなった。ずたずたに切り裂かれた肉の破片、ばらばらに散乱したベッドの残骸、死んだり負傷したりした兵士たち、ぽっかり口をあけた傷口。手足を引きちぎられ内臓が跳び出した肉体が、目を覚ます間もなく醜く変貌した死体に混じって、まだ呼吸をしながらぴくぴく動いていた。砲弾の破片で二つに裂かれた遺骸、はたまた、脳味噌が飛び出し、四肢が引きちぎられた光景は、永遠に俺の記憶に焼きついた。負傷者は必死で助けを求めていた。一番近くにいた一人を運び出すと、俺は急いでテントに取って返した。修羅場にすっかり打ちのめされて、俺のやることはちぐはぐだった。まず出血を止めて、黙っている者たちに包帯をしてやる、という軍医の指示をすっかり忘れていた。すぐに他の兵士たちも駆け付け、まだ息のある者たちを助け出した。だが、タンはどこだろう？　振り返ると、奴は片脚を止血しようと、血の滲んだ傷口の上の辺りを縛っていた。砲弾の破片を食らったのだ。爆発の近くにいた者たちの中でまったくの無傷は俺だけだった。俺はタンをテントから遠ざけ、脚に包帯を巻いてやった。

一度に多くの兵士を失ったことで「会社」の幹部のみならず、ロシアの正規の派遣部隊のお偉方もひどくショックを受けたらしい。誰にもどうしたらよいか、死人をどう片付けたらよいかわからなかった。しばしためらったのち、傭兵部隊の投入を断念して速やかに国へ帰還させることが決められたようだ……。

少しずつ他の斥候も集まってきて、俺とタン二人だけの打ち解けた話は大宴会に変わり、めいめいが得意芸を披露した。この自然発生的な集まりは夕暮れまで続き、冗談や嫌味の応酬はやがて、軍隊に関するじっくりした会話に取って代わった。そして夜になった。ここではいつも、たそがれは束の間だ。話は自ずから途絶えて、一人ひとりがそれぞれの考えや思い出に沈んでいった。遠く北の方へ、広大に広がる大地へ向かって。そこではさまざまな問題が絶えないが、それでも俺たちの祖国だった。向こうには俺たちの友、両親、女房や子どもたちがいる。日の出や日没、見晴るかすタイガ、バイカル湖、中央ロシアの大平原とウラルの森、バシキリア〔バシコルトスタン。ロシア連邦中西部にある共和国〕の天然の蜂蜜、ウオッカ、その他たくさんのことに郷愁をもって思いを馳せた。

明日はきっと仕事があるに違いない。だが、誰も明日のことを思いわずらいたくはない。今日という日に満足している。みんな一緒で、生きていて、元気ではち切れんばかりだ。やがて、このうちの三人がいなくなり、半数以上が病院へ行きつくことになるのだが、今この瞬間は雨が降り、空は曇ってじめじめしている。今日は中休みの日だ。

第9章 「恐れ知らずの」砂漠の鷹

ラトニクが夜のミーティングを召集した時、陽はすでに傾いていた。俺はすっかり暗くなった中を手探りで、瓦礫《がれき》に躓《つまず》きながら、司令部へ通じる舗装道路まで進んでいった。司令部は岩だらけの長い尾根の斜面にあり、その反対の斜面には、一キロもない近さに敵の前哨基地が散らばっていた……。

俺たちはここにやってきてから日が浅く、今回は誰を敵に戦うのか、まだ誰にもわかっていなかった。同盟軍が寄越す情報は矛盾だらけだった。その日、俺たちの部隊は昼食を終えると、日の暮れる前に新しい地点へ移動した。アレッポに向かう幹線道路に出るため、蛇行した道路を伝って峠を一つ越えてきたのだ。戦いで大穴のあいたアスファルトの部分を迂回しながら、隊列は涸《か》れ川の上に架かる橋を渡り、いくつかの小山の側面に人家の散らばった大きな村へつながる狭い道路へ入っていった。小山を結ぶ曲がりくねった道はどれも、アスファルト舗装を施された中央の通りへ下っていて、通りの両側には商店や小さな会社が並び、この村の目抜き通りになっていた。だが、民間人はすべて逃げ出して、すれ違うのは軍服を着て武装した人間だけだ。商店は人気《ひとけ》がなかったが、戦闘の被害を受けたのは村の一部だけだった。前線にある他の小さな町に比べれば、わずかな被害で済んでいた。かつて各住宅を埋めていた品物が中庭をふさいでいた。昨日まで必要不可欠だったのに、戦争のために無用になった物ばかりだった。

今回、同盟軍となったのはシリアの民間軍事会社「砂漠の鷹」の一小部隊だった。本人のみぞ知る理由から、この部隊の隊長は今こそ攻勢をかける好機と判断したらしい。純綿のすごく高価なクーフィーヤ〔アラビア半島の伝統的な被り物〕の贈り物を携え、ロシア軍の将軍にそのことを知らせにいった。相手がやっとまともな軍事行動に乗り出す気になったのを知って大喜びした将軍は、ロシアの傭兵の突撃部隊と砲兵部隊の強力な支援を約束したのだった。

われわれに任務が告げられたのは現地に着いてからだった。連邦軍[1]の兵士は傭兵を軽んじていて、普通はやらないことまであれこれと命令した。それでも、俺の分隊は他の部隊よりついていた。一時間そこそこで装備一式と弾薬を下ろして車両を掩蔽《えんぺい》し、それから心安らかに、来たるべき戦闘に備えることができたのだから。

ラトニクやブリトイ（スキンヘッド）の場合ははるかにたいへんだった。荷下ろしと前線への配置と当直の順番決めを同時に取りしきり、さらに、武器と弾薬を調べて口径を書き留めなくてはならなかった。それと一緒に、相当な大所帯の衣食住にまつわる問題を解決しなければならなかったから、連邦軍の兵士に言われた時間内に終わらせるために声を嗄《か》らせ、汗だくになって働いた。それでも一日の終わりには、ラトニクの部隊の監視哨が伝達する目標に向かい、ブリトイの部隊の迫撃砲がいっせいに火を吹き始め、突撃部隊の小口径の迫撃砲がそれに続いた。

夜が一気に訪れた。入り込めない深い闇が。漆黒の空を背景に、山々の稜線と建物のぼんやりした輪郭だけが見分けられた。戦闘地域において敵味方双方にミサイル発射システムがある場合、灯火管制は不可欠だ。だが、それを徹底していたのはロシア兵だけだった。シリア兵にとっては適当に守ればよいことで、自分らが不便に感じない限りにおいて心がけていただけだった。だから、シリア兵のいる建物の窓はバッテリーや発電機でこうこうと照らされ、ヘッドライトを灯した車が時どき道路を行き交っていた。

「砂漠の鷹」たちは夜明けの攻撃を望んでいた。砲撃で敵陣を叩きのめしたすぐあとに。今回は不思議なことに、ロシアの傭兵部隊に最前線へ出てほしいとは言わなかった。正確

（1）傭兵に対してロシア正規軍の兵士のことを指す。

な迫撃砲による徹底した支援と側面からの頼もしい掩護《えんご》があれば十分というわけだった。
それで、偵察のために少人数の斥候隊だけを前線へ派遣するよう、ラトニクは俺に命じた。俺はゾードチイと何人かを前線へ送って同盟軍の陣形の中に配置し、残りの者たちには空き家の一つに待機して命令を待つように指示したのだった。

俺はラトニクのいる家にたどり付き、分厚いカーテンを分けて中に入った。部屋の中央には小型ランプに照らされたテーブルがあり、その上に地図が広げられていた。ブリトイが先に来ていた。ラトニクは全員に軽く声をかけると作戦計画について話し始めた。それによると、「砂漠の鷹」たちが攻撃するか、誰にも一〇〇パーセント確信は持てないのだった。もしかしたらまた、こけおどしかもしれない。半時間で通常の問題は片付いた。攻撃に関する課題はすべて昼間のうちに決定されていたから。話し合いは当然のことながらさほど重要ではない事柄に逸れていったが、それが強力な爆音で遮られた。音から察するに、小口径の砲弾が司令部から一キロ以内のところに落ちたらしい。興奮した声で、バイカルがトランシーバーで連絡してきた。ドゥヒの二陣地から砲撃があったのを確認した、迫撃砲らしい、一発が命中して砲兵陣地に保管されていた弾薬が大爆発を起こし、夜空に赤々と炎を吹き上げているという。ブリトイはトランシーバーへ簡潔に命令を叫びながら、自分の砲兵陣地へ駆け出していった。無線のバイカルの声が、敵陣に見える砲撃の閃光を知らせてきた。ラトニクはすぐさま命じた。

「自力で始末しろ」

「了解、狙いはついたからすぐに片付くよ」

また爆音が轟《とどろ》いた。下の方のどこか、道路の向こうだ。今回は目標を遠く外していた。数分後にブリトイからラトニクに報告が入った。ミサイルはブリケット〔石炭粉などを高圧縮して製造した固形燃料〕を燃やしただけで、火の手は予備の砲弾には達していないという。砲手たちはすぐに落ち着きを取り戻したが、まだ反撃はできなかった。何よりもまず場所を移動しなくてはならない。火災の明かりでドゥヒは命中したと知ったに違いないからだ。その間に、バイカルは二門の自動迫撃砲で敵と一騎打ちを始めたらしかった。ほどなく、味方の陣地から八二ミリ迫撃砲弾が飛んでいった。燃え上がった火薬がパチパチ爆《は》ぜる音に加えて、近くにあった弾薬が熱で爆発する音が聞こえた。

突然、ブリトイの陣地の手前でまた爆発が起こり、砂塵が巻き上がった。俺の斥候たちがいる家のすぐ近くだ。俺はトランシーバーで部下たちを呼び出したが、何の応答もない。心配で、俺は仲間たちのいるはずの場所へ向かった。走るようにしてたどりつくと、連中は砲撃を避けて道路脇の斜面へ急いでいるところだった。爆発による被害はあったものの、幸いにも命を落とした者はいなかった。無傷の者は負傷者を運んで救急処置を施し、時どき家に戻っては所持品や毛布を取ってきていた。負傷者の状態を確かめると重態が一人いた。シャイタンが頭蓋骨骨折で、一刻も早く病院へ運び込まねば命が危うい。俺はすぐさま運転手にできるだけトラックを寄せろと指示した一方、大袈裟に呻《うめ》き声を上げるタイガを撥ね付けた。タイガは、この家にとどまると決めたのは間違っていた、もし日没の前に出発していたら誰もやられなかったろうと言う。どっしりしたカマーズのトラックがバックでやってきて、荷台にマットレスや毛布を敷き、急いで負傷者を積み込むと、基地へ向かって走っていった。俺はほっと息をつき、破壊された家の方へ向かった。砲弾が隅に命中して玄関扉の上の壁に穴があいていた。壁の上塗りの破片や石材の塊が剝がれて、玄関に一番近い部屋が破壊されていた。部屋の中は壊れた家具や、ガラスと石の破片で一杯だ。俺の寝床は厚い壁面に押し潰され、出がけにテーブルに置いてきた水筒は床に転がり穴があいている。ミーティングがなかったら、今頃俺は、最善の場合でも負傷者とともにカマーズに乗せられていただろう。確かに場所の選択は間違っていた、急いでいたから。それは認めねばならない。しょうがない、間違いの責任は取らなくては。だが、部下たちにも非難すべき点がないではない。砲弾がブリトイの砲兵隊のところに落ちた時、連中は避難しようともせずに、戸口に立って火の手を眺めていたのだから。お前たち、これが初めてのことじゃないだろ！　戦場ではどうふるまえばいいか、そろそろ頭を使って考えるようになってくれても……。俺は表へ出ると、垂直に切り立った崖と壁の間に装備を移すように命令した。兵士たちが安全な場所に宿営できるように。

やがて、ドゥヒの砲手らと砲撃を交わしていたバイカルが、ようやく敵の移動迫撃部隊の車両に命中させた。トランシーバーのやりとりを聞いて、俺はそれを知った。

「ラトニク、ラトニク、こちらバイカル」

「何だ、兄弟」

「とうとう一つ片付けたぞ、煙が上がった」。嬉しそうな声でバイカルが告げた。

「よくやった！　この調子で畜生どもに圧力をかけつづけろ！」

ブリトイが砲兵隊を新たな場所へ移すまでに二時間以上かかったが、それでも夜明け前には砲撃を再開し、バイカルの迫撃砲を助けて砲弾を雨霰《あられ》と降らせた。本格的に猛爆撃が始まったのは日の出頃だった。大口径の榴《りゅう》弾砲と連邦軍のロケット砲が攻撃に加わった。

「砂漠の鷹」たちも攻勢を始めた。だが、その戦意は長続きしなかった。たちまち萎《しぼ》んで、いわば、攻勢は始まる前に失敗した。われわれが基地へ帰還する道すがら、ゾードチイが仔細に物語ってくれたところによると、こうであった。

ゾードチイらの一隊は定刻より少し前に予定の地点に到着し、部下たちはもう一度装備の点検をした。まもなく、「砂漠の鷹」たちの指揮官と通訳の一行が二台の小型トラックでやってきた。わずか一五分の遅れだった。時刻を守らないシリア人の習慣からすれば、きわめて時刻厳守の態度を示したということだ。「砂漠の鷹」たちは全員、前線に続く小高い丘で夜を明かしてきた。そこからはドゥヒの陣地がよく見えて、観測装置を使えば、建物の間の小さな部隊や単独の射撃手の動きの一つひとつまで手にとるように見分けられた。

夜間の敵からの砲撃を聞いて、ゾードチイらは、敵が闇に紛れて攻撃をしかけてきたのだと解釈した。土地勘のあるドゥヒは、自分たちしか知らない道を通ってこちらの部隊を迂回して後方へと回り、奇襲攻撃をかけてくるかもしれない。戦闘能力もまるで当てにならない「砂漠の鷹」の小部隊と狭苦しい小山の上に閉じ込められた我が方の斥候たちは、不安でならなかった。ラトニクと俺との無線連絡を聞いて、斥候たちは、残りの仲間がとどまっていた家に砲弾が当たって負傷者が出たことを知った。そして、もはや誰も援軍に駆け付けてくれないことを悟った。だが、事態は鎮静化したとラトニクがきっぱり言ったので、前線にいる兵士らは安心したのだった。ラトニクは嘘をつかなかった。ラトニクのいる地点からは斥候たちのいる小山はよく見えて距離も近かったので、必要とあれば、退却を掩護することができたろう。

夜明け直前に、敵の陣地で爆発のまばゆい閃光が闇を切り裂くのを見て、斥候たちは寒さでかじかんだ手足を伸ばし、行動を起こした。だが、「砂漠の鷹」たちは動かなかった。それはただ単に、頭の上で砲弾が唸っている時に出撃しようとは思わなかったからで、彼らが前進しようと決めたのは砲撃が終わってからだった。辺りはすっかり明るくなっていた。あと五〇〇メートル足らずを走破すればよいというところで、強烈な爆発が起こって、「砂漠の鷹」の部隊の一つが砂塵と煙で覆われた。続いてすぐに激しい銃撃が起こった。それでパニックに陥ったシリア兵たちは逃げ出してしまった。出発した地点へ引き返したのではなく、後方へ、前進しようというわずかな意志さえもかなぐり捨てて。シリア兵が震え上がって戦場を放棄したと、ゾードチイから報告を受けたラトニクは、こちらが迫撃砲で掩護する間に退却するように斥候隊に命じた。

ゾードチイらを撤退させるという命令を受けて、俺は斥候部隊の小型トラックを呼び、運転手の隣へ乗り込んだ。現場にはすぐに着いた。そこは、土地の道路がアレッポへ向かう幹線道路に出る地点だった。算を乱して逃げてきた「砂漠の鷹」たちは、陸橋のアーチ型の天井下の地べたに寝ころんでいた。そこには、シリア人の指揮官らもひと塊になって話し合っていた。連中の髭を剃ってこざっぱりした顔と少しの乱れもない服装を見て、俺はピンと来た。思った通りだ、兵士らは指揮官なしに出撃していったのだ。自分たちだけに委ねられ、兵士らはいつもと同じことを繰り返した。つまり、すんなり行くなら敵の最前線まで押していく、でなければ後方へ退却する。運の悪い奴はその場に残される。

やがて、シリア人指揮官の一人が（きちんと髪を切り揃えた伊達男だった）俺のいるのに気付き、横柄で憤慨した口調で話しかけてきた。通訳を通して、自分の兵士らを置き去りにしてロシア兵どもが逃げ出した、そのため、激しい銃撃にもめげず果敢に敵陣を攻めていた兵士らもついに退却せざるをえなくなった、と。

実際に戦闘がどう展開したのか、まだ正確にはわかっていなかったものの、俺は外交的言辞を弄するのは無用と判断して、歯に衣を着せず言い返してやった。見てみろ、シリア兵はほとんど全員がここに戻ってきてるのに、俺の斥候隊はまだ途中にいるじゃないか、と。洒落者《しゃれもの》の指揮官は話すのを早まったと悟って、踵《きびす》を返していった。俺は驚かなかった、シリア人はいつもこうなのだから。犬が吠えれば廃墟もしゃべる(2)、というわけだ。振り返ると、部下たちが岩場の向こうから姿を現した。全員無事だった。俺にとってはそれが一番肝心なことだ。連中が装備をトラックに積み込んでいる間、俺はゾードチイに何が起こったのかを手短に訊ねた。答えて言うには「シリア兵がドゥヒに向かって大勢で前進を始めた。とそこに、砲弾が落っこちたのか地雷が爆発したのか、何があったのかわからないが、ドゥヒが俺たちの砲撃から立ち直って攻撃を始めた。といってもたいしたもんじゃないんだが、それでもシリア兵が引き返すには十分だったってわけだ。それで、ラトニクは俺たちに退却してもいいと言ったんだ」。これ以上説明の必要はなかろう。

さっきの洒落者に俺の感想を言ってやろうかと振り向いたが、通訳が見つからなかった。つい今しがたまでいたのだがな。あとからロシア人たちとのミーティングの場で、くだんの「砂漠の鷹」の指揮官は同じ通訳を介して自分の解釈をとうとうと述べようとした。戦いに負けたのは傭兵たちが早まって退却したのが原因だ、とね。その場に当事者がいなければ、誰も自分の言葉に反駁《はんばく》できないと思ったのだろうが、ラトニクが全部見ていたことを知らなかった。シリア人と違い、ラトニクは自ら兵士を引き連れて戦闘に赴くばかりでなく、積極的に作戦に関わり、部下に対する侮辱を自分に向けられたものとして受け取るのだ。だが、アラブ人の指揮官はそうでない。こういう状況になると何のやましさも覚えず部下に責任をなすり付け、我が身は大抵無傷で切り抜けるのだ。

何より驚きなのは、シリア人指揮官に連邦軍の指揮官も引き入れられる時があるということだ。ロシアの指揮官もまた上司に勝利の報告をしなければならないからだ。ある日、

（２）ウラジーミル・ヴィソツキー〔一九三八～八〇、ソ連の詩人・俳優・歌手〕の歌の歌詞。精神病院ではまともなことは何もない、という意味。

俺はそういう場面に出くわした。シリア兵がまったく戦闘に参加しなかったために攻撃が失敗に終わった時、あるロシア人将軍は傍目も気にせず、参謀部の士官に向かって、ごまかしの傑作のような報告を書き取らせた。いわく「全体の作戦計画に則《のっと》り、前線に進攻したものの、敵側の執拗なる抵抗に遭って、我が方の損失を避けるために前進を断念し、われわれが奪取した陣地を固めねばならなかった」と。報告書は軍の上層部へ上げられ、シリア軍兵士が素晴らしい武勇を発揮し、その指揮官が危険を前にして逃げも隠れもしなかったという印象を作り出した一方で、ロシア人将軍はその賢明な決断によって、絶大な賛辞を博することになった。

というわけで、またしても同盟軍の参加した戦いは情けない敗退に終わった。シリア兵は自分たちの臆病さを証明し、傭兵部隊は無駄に辛酸を嘗《な》めることになった。いずれにしろ、われわれ傭兵は公式の記録に現れることはない。われわれは幽霊、この戦争の亡霊なのだ。そして、たとえこのシリアの地で、われわれがロシアのために重要で有益な仕事を成し遂げようと、我が祖国では誰も何も知らなかったに違いない。

第10章 十字砲火を浴びて

タモックは仰向けに寝かされていた。裂けた動脈から迸《ほとばし》り出る血を止めようと、傭兵部隊の衛生兵マヌークは忙しく働いていた。誰もがそれを助けようとしていた。一人は点滴の生理食塩水の袋を持って立っていた。マヌークに必要な器具を手渡している者もいた。さらに他の者たちは折り畳み式の担架を組み立てていた。

鎮痛剤でぼんやりしたタモックの瞳には苦痛が浮かび、理解できないと訴えていた。どうしてこんなことがありえるのだろう？　先刻まではまだ活力に溢れ、動きまわっていたというのに。丘を走り、戦闘に参加し、カラシニコフ銃を連射したり、丘を下りてくる負傷兵を助けて武器を持ったり肩を貸してやったりしていたのに……。それが今は地に横たわって、左脚のあった場所には腰から骨が突き出しているだけだ……。

俺はその地域をよく知っていた。俺の初めての任務の時（二〇一五年のことだ）、小隊長として部下を率いて縦横に走りまわったことがあるからだ。もっとも当時は、われわれの支援があってもシリア軍はたいして前進できなかった。一年の間に一度も勝利を挙げられなかったのだ。今回、われわれは「砂漠の鷹」とともに戦わねばならず、それには誰も気乗りがしていなかった。ロシアとシリアの双方の軍事会社に同じ目標が定められていた。山岳地帯にある防衛陣地から敵を追い出し、遠くトルコとの国境まで撃退すること。ロシア軍は補助的な役割を果たし、「砂漠の鷹」たちの攻勢に同行し、万一の場合には掩護《えんご》することになっていた。

シリア兵らはいつものように無秩序に、早朝に予定された攻撃の準備を進めていた。灯火管制もなく、叫び声やバイクの音が響きわたり、ばらばらに散らばって雑然と動きまわっていた。東の方の空がうっすらと明けてくるとすぐに、サディーク（味方のアラブ人）の部隊とロシアの傭兵部隊は敵の占拠している高地を目指して前進を開始した。

しかし、敵の防衛線へ近付いた頃、ふと気付くと、突撃するはずの「砂漠の鷹」たちの本隊はいつしか俺たちの前から姿を消していた。まだ残っていた兵士らも、敵の最初の銃撃を聞くと逃げ出し、俺たちだけが敵と向き合うことになってしまった。この時いたのがロシア兵でなくてアメリカ人やヨーロッパ人の傭兵だったら、きっと出発点へ引き返していたに違いない。だが、その時、敵と対峙していたのはロシアの兵士だった。われわれロシア人にここまでという限界はない、敵を前にして決して引き下がりはしない。いずれにしろ、後戻りするには遅すぎたから、俺たちは深く考えず攻撃に転じた。登っては身を伏せ、登っては身を伏せながら、兵士たちはまもなく敵の守りの第一線を突破し、さらに手榴弾を投げながら、敵の次の防衛線を目指して進みつづけた。ドゥヒは抵抗もできず、我勝ちに陣地を逃げ出し、こちらに背を向けて走りながらばたばたと倒されていった。

斜面を上っていく部下たちの動きを、俺は麓《ふもと》の岩陰から双眼鏡で注意深く追いかけていた。俺の隣には狙撃手のシュント（分流器）がいて、逃げていく黒い人影が近くの尾根にたどりつく前に、コルドの狙撃銃で片っ端から狙い撃ちしていた。

イノストラネツ（外国人）とゾードチイが寄越した情報では、突撃はまもなく終わりそうだった。戦闘は終わりに近いように思われた。ところが突然、すべてが暴走し始めた。シリア兵の放った対戦車ミサイルが爆発した、とイノストラネツが声を限りに叫んだ。攻撃している兵士たちの目と鼻の先だ。それだけではない、今まで後方にいて麓の岩陰に隠れていた「砂漠の鷹」たちが、機関銃を据え、敵の方角へ向かって闇雲に撃ち始めたのだ。つまり、傭兵たちがすでにぶんどった陣地へ向かって。その結果、傭兵たちは敵と味方から十字砲火を浴びることになった。前面にはドゥヒが、後方にはシリア兵がいた。トランシーバーから負傷者が出たと震える声で伝えてきた。

ラトニクは大声で罵りながら、シリア兵の銃撃を止めさせろ、そして、丘の麓に隠れている兵士らをさっさと突撃させろと、通訳を通じて要求した。だが、それは無駄骨だった。シリア兵は突撃しなかったし、何人かのバカが丘へ向けて射撃を続けていたので、傭兵たちは伏していなければならず、動きがとれなかった。ラトニクと通訳はあちらからこちらへ、指揮官から指揮官へと駆けまわったが、甲斐はなかった。あとから聞かされたところでは「どのみち、迫撃砲や対戦車ミサイルを丘へ向けて撃ってるバカは相変わらずいたからな。兵士を奮起させて突撃させることについちゃ、シリア人の指揮官はどうしようもないと腕を広げて、通訳でさえわからなくなるような長ったらしくごちゃごちゃした弁解を始めるだけなんだから」とのこと。

そのうち、山を下った左手にドゥヒが現れて、傭兵たちを側面から攻撃しようと準備を始めた。すかさずシュントがそれへ狙いを付けたが、何発か発射する間もあればこそ、敵の狙撃手の弾丸が鈍い音で間近を掠《かす》めていった。シュントはすぐに岩場を離れ、這って身を隠した。「見つかったらしい、少し待たなきゃならないな」。そう言って少し横手へずれると、数分後に銃撃を再開した。

上の方では状況がどんどん悪くなっていた。ドゥヒは圧力を増し、援軍も来ていた。味方のシリア兵も銃撃を止めなかった。すでに、ゾードチイが顔に包帯をして下りてきていた。弾丸に顎を砕かれたのだ。そのあとから、向こう脛《ずね》に包帯を巻き、長い棒切れにすがりながら、サマレツ（サマーラの住民）が足を引きずってきた。イノストラネツが負傷兵を帰しつづけた。だんだん数が増えてくる。ややあって、負傷兵を避難させてから退却するようにラトニクが命じた。

これらのやりとりを俺は無線で聞いていた。決然と行動すべき時だった。俺を突撃隊の端くれにも数えていない公算が高い、ラトニクの命令を待っている理由はなかった。俺には自分の場所が上にあることがわかっていた。上だけに、窮地に陥っている仲間たちのところにあることが。俺は連中の指揮官だ、俺には責任がある。何より自分自身に対して俺はそう言った。それに、兵士たちの信頼を失ったらどうやって引っ張っていくのだ、兵士たちの目をまっすぐに見られなくなったら？

俺は立ち上がり、身を屈めたまま、岩陰にうずくまっているシリア兵どもの方へ向かっていった。そこにはすでにニエマンが来ていて、罵詈雑言を浴びせて前進させようとしていた。俺は腰の拳銃《ステーチキン》を抜いて、一番近くにいる「砂漠の鷹」の一人に狙いを付けた。そいつが動こうとしなかったら本気で撃つつもりだった。相手は目を丸くして跳ね起きた。他の何人かも同じようにした。それから、ニエマンと俺を不安そうに見ながら動き始めた。他の傭兵たちも俺たちに加わった。シリア兵を除いた誰もが、ただちに上にいる仲間を救いにいかねばならないことをはっきり理解していた。

　にわか仕立ての俺たちの部隊が、棘《とげ》のある背の高い灌木の茂みに覆われた土地を越えたところで、俺はまたもアラブ人どもの才能を思い知った。自分の命を守るとなったら、逃げるために並々ならぬ巧緻《こうち》を発揮するのだ。俺たちが茂みから出てみると、そばには「砂漠の鷹」が一人もいなくなっていた。全員が隠れてしまい、足の指一本も出していなかった。その時、俺は本当に奴らを憎らしく思った。

　俺たちは山道を避け、密生した背の低い灌木につかまりながら、岩だらけの斜面をよじ登っていった。仲間が立て籠もっている小さな台地にたどりつくと、四つん這いになって進んだ。銃撃があまりに激しく、腰を曲げても立っていられない、それは狂気の沙汰だった。負傷兵が俺たちの方へ這ってきた。小さな窪みにいた俺は、武器を受け取り、手を貸して山を下り始めた。他の兵士と同じように、俺も時どき銃で応戦した。ドゥヒへ向けて撃ったり、麓の岩陰に隠れて撃ちつづけているシリア兵へ向けて撃ったりした。そうすれば、少なくとも一時は、双方からやってくる銃撃の勢いが収まるのだった。

　負傷兵は大勢いた。ほとんどが脚に怪我をしていた。砲弾の破片に当たった兵もいた。それが、俺たちの奪った陣地に向けて反撃を始めたドゥヒによるものか、それとも、丘に向けて迫撃砲を撃ちつづけているシリア兵の間抜けによるものか、知る術《すべ》はなかった。

タモックはまだ俺の隣にいた。まだ負傷していなかった。左手へ這っていったり上へよじ登ったりしながら、サタナーが二個の手榴弾を一つ、また一つと膝をついたまま、力一杯にドゥヒへ向かって投げていた。ニエマンが俺に近付いてきて、さっきの茂みのところへ戻って、最後に退却してくる奴らを掩護してやろうじゃないかと言った。部下に言われたことだが、それが今俺たちのとるべきただ一つのまともな行動だと俺にもわかった。つまらない面子《めんつ》にこだわっている場合じゃない。脚に軽い怪我をした狙撃手を助けながら、俺は這って下り始めた。

茂みに戻って機関銃を据えると、最後の仲間を迎える用意が整った。一〇分後、重傷の兵士たちを引きずりながら、本隊が遮蔽物のない斜面を下り始めた。俺とチュジョイ（エイリアン）とゴールの三人は、退却する仲間にドゥヒを寄せ付けまいと、上へ向かって撃ち始めた。

その時だ、タモックが地雷を踏んだのは。やはり地雷で片足を失った小柄な兵士を助けながら、偶然、すぐ横に埋められていた別の地雷の雷管に膝を載せたのだった。

俺はタモックが傷つき倒れているところまで這っていった。タモックは、一瞬にしてかくも不可逆的な変化の起こったのが信じられない様子だった。もちろん戦争では、生から死へ、あるいは重い障害を負った人生への急転が、いつどこであるかもわからない。比較的安全な場所でも起こりうるのだ。だが、それに慣れることは決してない。苦い思いに心が張り裂けなくなることなどありえない。さっきまで一緒に話していた友だちや仲間が、いきなり砲弾の破片や銃弾でずたずたにされたなら、なおさらのことだ。俺たちは片脚のちぎれた部分をほったらかしにしたまま、タモックをビニルシートに載せた。一瞬の間も惜しかった。負傷者があまりに大勢いたし、敵味方からの砲撃が続いていたのでまだ犠牲が出る危険は高かったのだ。

ようやく、傭兵の全員が安全な場所に逃れられた。迫撃砲の飛び交う丘の上には、もう一人も残っていなかった。

俺たちは黙ってベースキャンプへ戻ってきた。行き合う「砂漠の鷹」たちに挨拶されるたびに短い罵《ののし》りを浴びせながら。最悪の一日だった。俺たちの望みは一つだけだった。できるだけ早くここから立ち去り、周りにいるシリア兵を見なくてもよくなること。シリア兵もそれを察したらしく、俺たちから距離をとっていた。

おそらく俺たちは運が悪かっただけで、本当は、シリアのどこかにまともな軍隊が、その名に値する兵士らの戦っている軍隊があったりするのか――?　その疑問が俺の頭を駆けめぐって耳鳴りがした。全員があああるわけがない。自分たちの国の存亡がかかっているのだ。どうしようもないバカでない限り、そのことがわかっているはずだ。国民が祖国のために犠牲となれるか否か、それだけが国家の主権の命運を決めるのだ。

ひと月後に、ロシアの病院でタモックは死ぬことになる。傭兵稼業の数多のリスクの一つだ。安らかに眠りたまえ、兄弟よ。

第11章 逃した勝利

我が中隊の斥候隊長のゲラシムは、壊れた建物の周囲に集まった兵士たちをもう一度点呼した。暗視ゴーグルがちゃんと機能することを確かめ、落ち着いて穏やかな調子で目標を説明した。小隊は敵の要塞を迂回して背後からドゥヒに近付かねばならない。この作戦を統括する司令部のロシア軍顧問の考えでは、この機動作戦はこの地における攻勢の成功を確実にするはずのものだった。それとは別の方角から同盟軍のシリア兵が進撃して（そこにはゾードチイの小隊も加わっていた）、両面攻撃を行えば、敵の強固な防衛態勢を粉砕することができるだろう。ゲラシムたちにとって任務は決して簡単ではなかった。斥候たちは土地をよく知らなかったし、地図の上や監視哨からコースを詳細に検討したところで、成功の保証はまったくなかった。山中では、とりわけ暗闇では、いとも容易《たやす》く道に迷ってしまう。それに、ドローンの画像を見ても偵察の報告を聞いても、敵の陣地や移動の様子がはっきりとわからなかった。だが、ゲラシムの小隊は粒ぞろいで経験も豊かで、このような任務を任せられるのは初めてではなかった。

一行はゆっくりと前進していった。時どき立ち止まっては、耳を澄ませたり暗視ゴーグルで前方に目を凝らしたりした。いつ何どき敵の哨戒《しょうかい》に出くわすかわからない。あるいは、ドゥヒの側にも夜間の暗視装置はあったので、敵陣から発見されるかもしれない。そうなったらどちらが勝つか予想はつかない。兵士たちは岩陰に身を伏せながら進んでいった。五キロを進んで目的地に達するまでに三時間以上かかった。ゲラシムはナビゲーターのデータと地図と地形を丹念に見比べて、自分たちが正しい場所にいると確認した。それから、部下に身を隠しているように命じると、自分は掩護《えんご》の兵を一人連れ、方角を確かめ、敵の陣地を見つけるために、もう少し高いところへ上っていった。

遠くまで行くには及ばなかった。どっしりした山塊と稜線の輪郭が見えるところまでやってくると、敵の近いことが感じられた。食物と薪の燃える匂いが漂ってきたのだ。ゲラシムと相棒は岩陰に身を潜めた。警戒しながら周囲を見まわすと、すぐに向かいの高台に要塞が見分けられた。そこから一本の道が向かいの丘の斜面を曲がりくねりながら下っていた。何分かすると、その道に数人のドゥヒの人影が暗視ゴーグルを通して確認された。もう少し東の方へ目を移すと、小隊がたどってきた方角に、敵の小さな前哨基地が散らばっていた。ゲラシムたちは相手の見張りの死角に入ってまんまと敵に接近し、今では、敵の要塞とその後方に続く道を監視できる位置に来ていた。ここから砲撃の目標を定め修正するのはいとも容易い話だ。自分たちの機関銃で後方からの連絡を断ち、攻囲された要塞を救いに向かう敵兵を撃滅することもできるだろう。

ゲラシムはよし、と思った。大きな獲物をしとめる寸前の猟師の勘が甦ってきた。半時間後、小隊の全員がここに移動し、全方位の防戦体制をとって陣を構えた。小隊が好位置に待機し命令を待っていると、ゲラシムは上官のグリゴリチに報告した。その間も、先程の道の行き来は絶えなかった。ドゥヒはこちら側の攻撃を予測して、二人または数人ずつ組になって、弾薬や水に違いない物資をそれぞれの持ち場へ運び入れていた。ところが、さらに半時間ほど経つと、グリゴリチが驚くことを無線で伝えてきた。「戻ってこい、同盟軍は今日ここで戦わない」と。傭兵たちはサディークと共同戦線を張るのはこれが初めてではなく、これまでにも経験があった。が、これだけの有利な条件が備わっているのにシリア兵が出撃しようとしないことには、全員が唖然《あぜん》として口が塞《ふさ》がらなかった。せっかく敵の要塞も後方の防衛線も監視下に収め、攻撃の成功を確かなものにしてやったというのに、シリア軍の態度の豹変は傭兵たちの努力を無に帰したばかりか、ゲラシムたちが冒した死の危険をも軽んじるものだった。

少し話し合ったのち、一行は同じ道をたどって帰ることにした。だが、帰路で一番大切なことは、感情に任せず、意志の力と冷徹な決意をもって、一刻も早く味方のいる安全な場所へ戻りたいという欲求を抑えることだ。老練なゲラシムはそれをよく知っていた。もう一度、慎重に行動を始めなくてはならない。同じように立ち止まり、暗視ゴーグルで注意深く前方の安全を確かめてから、再び静かに前進を始め、わずかな音にも耳を澄まし、わずかな匂いも嗅ぎ分け、細心の注意を払いながら足を下ろさねばならなかった。一行はつつがなく戻ってきた。そして、肉体的かつ身体的な緊張で疲れ果て、いら立つと同時にがっかりしながら、たちまちテントの中で眠りに落ちてしまった。連中はぐっすり眠り込んでいたから、もう一つの翼で攻撃が始まっていたことを知らなかった。また、わずか数時間のうちに二度も、要塞化された広大な地域を奪取して大勝利を勝ちとる最高のチャンスを、シリア軍がふいにしてしまったことにも気付いていなかった。

驚いたことに、この作戦を統括していたロシア軍の将軍たちはまるでやる気がなく、シリア軍の司令官を説得して積極的に戦闘に参加させようともしなかった。そうしたばかげた決断の結果、攻勢の好機を逃し、努力を無駄にし、兵卒を犬死にさせただけに終わった。どうやら、この奇妙な戦争はまだ何年も続く運命にあるらしい。

第12章 後方にて

　春の初めのはにかんだ暖かさが過ぎると、寒気を伴った低気圧がラタキアの山々を覆った。うっとうしい灰色の雲の塊が峠の上に垂れ込め、時どき、細かく冷たい雨を降らせた。濃い霧が遠くの高地を隠し、その切れ端が、傭兵たちの野営している台地にかかっていた。われわれは骨の髄まで凍え、士気は萎《な》えていた。先に攻勢の機会を逃して以来、前線はべた凪《なぎ》の状態だった。われわれは連携して敵の防衛を打ち破るチャンスを、みすみすふいにしてしまったのである。新たな作戦行動にシリア軍を説得して参加させるには、時間を要した。

　分隊の全員を雨の山中にとどめておく意味はないと判断したラトニクは、沿岸部にあるベースキャンプまで遠出してくる許可を与えた。といっても兵士の三分の一だけだ。それだけなら、われわれの陣地を守るのに支障はないだろう。それに、こういう天候の時にドゥヒが攻撃してきたためしはなかった。

俺たちの車列は眺めのよい谷間へ向かって出発した。峠の上からは陽の一杯に降りそそぐ青々とした谷間の草原がよく見えた。谷間を下りていくにつれて、鈍色の雲は晴れ、透明で澄み切った空が現れた。山腹に沿って続く平原では、春の心地よい穏やかさが永遠に変わらないかのように思われて、山の中のじめじめした寒さはすぐに忘れてしまった。

基地の置かれている農業大学は花盛りの果樹の香りに包まれていた。我が連隊の宿営する建物へ入り、湿って汚れたコートを脱ぎ、これでやっとシャワーが浴びれるぞと思ったところが、そうはいかなかった。連隊の特務曹長と技術兵がいきなり部屋へ入ってきて、溜まっていた経理の問題をまくし立てたからだ。例によって、さまざまな不平不満が高じて本当に重要な問題を深刻化させていた。曹長の方は管理業務に責任があるし、技術兵には……技術屋の仕事がある。いつものごとく、どちらも自分の責任範囲からはみ出してしまったのだ。技術兵は、曹長がしょっちゅう自分の縄張りに踏み込んでくると思っていた。もっとも、この技術兵はほとんどの時間、基地の装備の保守や修理をする代わりに連隊の宿営地をうろついていたのだが。俺に言わせれば、曹長は有能で熱心なよい主計で、技術兵はひどい怠け者だった。嫉妬も二人の関係をこじれさせていた。定期的に作戦地域へやってくることのできる曹長は、それを戦闘参加日として勤務表に申告していたが、ガタのきた車を修理している技術兵は特別手当を要求できなかった。特別手当は傭兵の給料の二倍から三倍にもなった。戦闘に参加しなければ傭兵は儲けにならなかったのだ。つまらぬ喧嘩に深入りする暇も気力もなかった俺は、二人の調停役にまわることにして、技術兵には「装備の面倒をちゃんと見ていたら、お前にも特別手当が貰えるような方法を考えてやる」と約束し、曹長には「こいつらには構うな、自分で何とかしろ」と言ってやった。そうやって、とりあえず議論にけりを付けたのだった。

シャワーは思ったほど気持ちよくなかった。というのも、俺の先を越した奴らが屋上の貯水槽の湯を使い切ったからだ。それに、またも排水が悪かった。歯みがきのキャップか靴下が配管に詰まっていたに違いない。あんなに期待していた楽しみがふいになってしまった。

シャワーが終わって清潔な衣服を身につけるとすぐに、また不愉快な会話が始まった。今度は俺の直接の上司、傭兵部隊の情報部門を率いるバイケルが相手だった。バイケルがきわめて優れた諜報活動と破壊工作の専門家であるのは疑いの余地がない。独立心がとても強く、自分の意見を持っているだけでなく、それをはっきりと口に出すのを憚《はばか》らなかった。それがのちに「会社」をクビになることにもつながるのだが、そのバイケルから、お前はフットワークが悪い、部下をほったらかしにしていると非難された。それは根拠のない話ではなかったが、俺には物理的にあちこちへ行く暇がなかったのだ。相変わらず小型トラックは割り当てられていなかったし、雨で緩んだ山道をウラルの大型トラックに乗って移動するのは危険だった。そんなことをすればへとへとに疲れたあげく、トラックを壊してしまいかねない。バイケルは、基地での連隊の日常業務を曹長に任せていることにも不満を洩らした。それは間違いだと言い、いつも俺のやることに口出ししてきた。もちろん、俺はそれでいらいらしていた。

口論のあと、俺が兵営の脇門を抜けて外に出ると、ラトニクの小型トラックが一台も駐車場に見当たらない。何事が起こったのかと、俺は急いで狭い舗装路を歩いていった。人の背丈の密生した茂みが両側に並び、この基地の旅団司令部に続く道だ。最初に俺の頭をよぎったのは、前線に何か起こってラトニクが急いで出発せねばならなくなったのだろうということだ。慌しさに紛れて俺たちのことを忘れたのかもしれない、あるいは、単に俺たちを待つには及ばないと考えたのだ。というのも、この前の戦闘で俺の部隊は俺を含めて五人だけになっていたから。戦闘があっても大した役に立たない状態だった。

とにかく司令部にやってきた俺は、参謀長のドゥナイ（ドナウ川）に激怒して噛みついているラトニクに出くわした。それまで実にさまざまな場面でラトニクを見る機会があったが、あんなラトニクを見たのは初めてだった。ウラルの運転手の一人が、基地の近所の店で買ったウオッカを一本飲み干して、自分のトラックの運転台に上がってアクセルを踏み込んだのだった。一瞬の出来事だった。強力なウラルはラトニクの二台の小型トラックに全速力で襲いかかり、ねじれて歪んだ鉄屑の山に変えてしまった。その結果、われわれは突撃部隊になくてはならない貴重な輸送手段を一度に失った。大きな物音に驚いて駆け付け、破壊の惨状を目の当たりにしたラトニクは、かっとなって、すっかり動転している運転手を運転台から引きずり下ろして殴り付け、文字通り、地に塗《まみ》れさせた。近くにいた連中がラトニクの手から救い出してやらなかったら、死も免れなかったろう。ラトニクはGRUの特殊部隊の叩き上げなのだ。「会社」の草創期に、ベートーベンは大勢のGRUの元隊員を雇い入れた。ベートーベン自らも元隊員の一人で、ロシア軍参謀本部情報総局の退役軍人らが「会社」の幹部を構成したのだった。

呆れる出来事だった。戦闘で車両を失うのはまだしょうがない。だが、この事件の張本人は基地で不適切な行動をとった酔っ払い兵士なのだ……。われわれの契約条件には任務中に禁酒とあったものの、ほどほどに少し飲むのは普通のことで、誰も大した注意を払っていなかった。民間軍事会社に雇われるのは大の大人で、自分の行為に責任を持てるものとみなされていたが、残念ながら、中にはアルコールで羽目を外す奴らもいた。人間が腹の中で何を考えているか、その人間のどんな性格が将来姿を現すことになるかは、誰にも予測できない。

まだ興奮の冷めやらぬまま、われわれ全員は集合させられた。それは「会社」の幹部二人が召集したもので、これはきわめて異例なことだった。一人は我が傭兵部隊の恐るべき総司令官、偉大なベートーベン自らで、もう一人はブロンディーン（ブロンド）という通り名の重要人物だった。この男がどんな職務についているのか、誰もはっきりと知らなかったが、ベートーベンと同じくらいの権限を持っていた。二人とも、数多の闘いや戦争を経てきた老練の戦士で、以前は職業軍人の将校をしていた。

まず、ベートーベンがあれやこれやと理由をつけてわれわれを厳しく譴責《けんせき》した。命令をきちんと実行しなかったとか、指示を誤解していたとか。最初に槍玉に挙げられたのは、戦車の技術曹長だった。ベートーベンは恐そうに目を細め、手を振り上げ、手厳しい口調で、修理と保守を励行するのを怠ったと長々と説教した。俺の考えでは、その曹長は悪い奴ではなくて、ただ、傭兵部隊での職務にまるで合っていないようだった。国の軍隊ではすべてが命令で決まる。常識はあまり重要でない。それに引き換え民間軍事会社では、もっと創意工夫を働かせ、ほどほどに積極性を発揮することが求められるのだ。曹長は身の証を立てようと、どうしたわけか斥候部隊の車両にはどれも完全なスパナセットが揃っているのに、他の車両にはそれがないと抗議した。この奇妙な話を聞いて俺はびっくりした。俺の部隊のまじめな運転士がどこからかスパナを集めてきたことで、他人を困らせることになっていたとしたら？　その場の空気を和らげてくれたのはドゥナイだった。機材を盗んだところを見つかった奴はラトニクに引き渡してやると脅かしたので、全員がそうだ、そうだと囃《はや》し立てた。

　次にブロンディーンが発言した。軍隊の言い伝えや下品な言葉や卑猥な冗談を交えた話しっぷりで、現在の状況と今後の作戦について説明した。自分の話に辛辣なジョークや下世話な言い回しを散りばめるのを楽しんでいた。本人はユーモアのセンスを発揮しているつもりなのだろう。俺はブロンディーンに好かれていなかった。向こうは、自分の可愛がっていたセルビア人ヴォルクのことを根に持っているようで、この機に乗じて、俺をねちねちといじめた。俺が四回転翼機《クワドコプター》をくすねようとしたと攻撃した。本当は基地で壊れたのに、俺が戦闘中に故障したと嘘をついたという。しかし、ドローンが一機、山の中で機銃掃射を受けて破壊されたのは本当だ。それに、飛行中に破損した二機目はすでに修理が終わりかかっている。まったくのでっち上げの言いがかりだ。俺が弁明しようとするのをブロンディーンは遮った。傭兵部隊ではいつもこうだ。幹部らは問題の核心を突き止めようとせず、最初に聞いた話をそのまま鵜呑みにしてしまう。さんざっぱら攻撃したあげく、こちらが抗議して弁解しようとすれば、解雇の口実になりかねない。この時、俺はぶるぶる震えるほど拳を握りしめ、相手の白くなりかけた眉間に一発食らわせ、鼻をへし折ってやりたくて歯ぎしりしながら、それでも何とかこらえていた。そんなに早く仕事を失いたくはなかったから。のちにブロンディーンとの関係は正常化するが、永久に遺恨は残ることになった。

ドゥナイは参謀長として、後方支援にあたっている兵士たちに向けて語りかけた。いわく「武器を携えて出撃していく者もいれば、彼らに必要品を揃えてやって自らは戦闘に加わらない者もいる。君たちの努力、疲れ、徹夜は、君たちも参加しているという証である。死んだり負傷したりする危険のない君たちが払っている代償なのだ。君たちの報酬は戦闘員に比べてはるかに少ない、一兵卒より少ないかもしれない。だから、君たちには全幅の自己犠牲を要求する。君たちが寝不足になろうがひもじい思いをしようが、私には興味がない。この点で私は譲らない」

よくぞ言ったり。整備士は自分の仕事をするがよい、戦闘手当をやる必要はない。稼ぎが少なかろうが、危険にさらされていないのだ。もし必要があるなら、あとで報酬を与えよう、ボーナスの形で。

集会が終わって、めいめいは懐中電灯の明かりで深い夜の帳《とばり》を切り裂きながら、ベッドへ向かった。この時刻になるといつも基地は停電になり、灯っているのは単調な唸りを立てる発電機につながれた照明だけになった。翌朝、ラトニクは新しい小型トラックを貰った。俺もいつか車を貰えるだろうかと整備士に訊ねたら、答えは返ってこなかった。俺たちの短いバカンスは終わりを迎え、荷物をまとめて山の中へ帰る時がやってきた。

第13章 キンサバ郊外の一日

部隊はラタキアの北東、キンサバ近郊の小さな村にいた。いつ終わるとも知れぬ陣地戦の中で、俺たちの毎日はいつも同じように始まった。冷たい水で顔を洗い、朝食と熱々のお茶を用意する。水は山の中から引いた湧き水だった。かつて岩地の間を縫って流れていたのを、この地方の住民が巧みに花崗《かこう》岩の石材を使って人工の泉にしていた。

まだ二月だったが、太陽は春のように暖かく、震えるような夜のあとには朝の光と温もりがありがたかった。敵のロケット弾や重機関銃の届く最前線にいるのはたいして気にならなかった、いつものことだ。

昨夜は騒がしい一夜だった。見張りはキンサバに通じる道路に何か動きがあるたびに、警報を鳴らしていた。その道路には、何度も町を占領しようとして失敗を重ねたシリア兵の一隊が二週間前から足踏みしていた。迫撃砲が何度も掩護《えんご》に加わらねばならなかった。濃い黒煙が上がったところから判断するに、砲弾は敵の目標に命中したようだった。あれだけの炎を上げて燃えるのはガソリンを満タンにした車くらいだろう。

コーヒーカップを片手に、俺は半壊した家の戸口に立って（その家にはゾードチィの小隊が宿営していた）、行動区域に展開した斥候たちのやりとりを無線で聞いていた。ドゥヒの陣地へ向かってゆっくり前進する「砂漠の鷹」たちの部隊には、チューブの小隊が付いていた。

突然、金属でガラスを擦ったような音が聞こえた。手作り迫撃砲の発射音の特徴だ。戦争で身についた反射で、俺は咄嗟《とっさ》に後ろへ下がりコンクリートの物陰に身を隠した。TNT火薬の詰まったアルミの砲弾が俺の一五メートルほど前方で破裂した。その白い噴煙が収まるまもなく、次の爆発音が響いた。すぐに、無線から見張りの叫びが聞こえた。砲弾が監視哨のある建物の屋上を直撃し、鉄筋コンクリートの防壁に跳ね返ったあと、スピードを落として、最初の着弾地点からほど近い岩の中にめり込んだという。

手持ち式迫撃砲が撃ってくるのは別に珍しいことではないから、最初は誰も心配しなかった。念のため、俺は見張りたちに一時的にその場を離れるように命じた。ところが、自分の装備と銃を置いてある部屋の方へ向かおうとした矢先に、また爆発音が二度聞こえた。さっきより少し近い。今度は憂慮すべきだった。なぜなら、普通なら手持ち式迫撃砲はひとところにとどまっていないものだからだ。砲撃の頻度から、一基ではなく数基の迫撃砲があることが明らかになった。ドゥヒの伏兵が間近にいるに違いない。

武器をとれ！　と俺は叫んだ。だが、部下たちはもう準備していた。経験豊かな兵士は勘がいい。何でもなさそうなしるしから危険が迫っているのを嗅ぎ付けることができる。指揮官の役割もまた無視できない。大声で的確に発する命令が、一人ひとりの兵士に必要なモチベーションを引き出すのに不可欠なのだ。戦闘ではなおさらだ。だから、自分の部下に臆病者や卑怯者がいないのはわかっていたが（そんな連中は傭兵部隊では長生きできない）、俺は手短に命令を叫びつづけた。

ゾードチイは斥候をそれぞれの持ち場へ差し向けた。砲手はガズの全地形対応車両の荷台に固定した対空砲ゼニートを、いつでも砲撃を開始できるように掩蔽《えんぺい》場所から引き出した。行動区域にいるシリア兵の部隊にも、招かれざる客の出現が知らされた。

まもなく、斥候の一人から双眼鏡で目標を標定したと報告が入った。峡谷の反対側に、対戦車ロケット砲の周りでうごめく複数の人影があった。対戦車ロケット弾は強力な兵器だ。中規模の建物を粉砕し、戦車を焼けただれた鉄の塊と化してしまう威力がある。兵士の輸送用車両など朝飯前だろう。こういう場合には、危険の源を取り除くために何をおいても攻撃に移らなくてはならない。こちら側がミサイルで壊滅する前に。

ゼニートの砲手たちはただちに目標を見つけて狙いを定めた。と、次の瞬間、ロケット弾の航跡が尾を引いて空中を走った。敵の発射台のあったまさにその場所に、火の渦が立ち上った。あの煙と爆発の中で助かる見込みはゼロだろう。胸牆《きょうしょう》〔敵弾からの防御や味方の射撃掩護のために胸の高さまで築いた盛り土〕の後ろでは、兵士全員がほっと緊張を解いて喜びの雄叫びを上げた。

だが、ちょうどその時、誰も気付かなかった二つ目の発射台から放たれた砲弾が俺たちの頭上で爆発し、榴散弾《シュラプネル》の雨を降らせた。ドゥヒの砲手は遠距離での有効性が実証済みの「エアバースト弾」を用いていた。信管が自動的に作動して空中で散弾を炸裂させるのだ。遮蔽物のない場所にいた兵士たちは半壊の家の天井下へ急いだ。ゼニートの砲手と運転手も、武器をその場に残したまま後ろへ逃げ出した。

しかし、恐慌は短時間で終わった。全員が最初の号令で落ち着きを取り戻した。斥候のムラク（暗黒）が逃げ場から飛び出し、運転手に代わってトラックとゼニートを道の先の、敵の砲弾の届かないところへ移動させた。他の兵たちはそれぞれの持ち場へ戻ると、俺の命令で、真正面に見える茂みの中へ滝のように銃弾を浴びせた。そして、自動装填装置が空になると、また物陰に隠れた。すると、今度は見張り兵が交代して撃ち出した。

ややあって、敵のゼニートが再び火を吹いた。が、今度はブリトイの迫撃砲隊が素早く相手の位置を計算して反撃を開始した。敵はゼニートを物陰に隠そうとしたが、砲弾がその周囲に炸裂し、やがて、ドゥヒがトラックを隠していた大岩の向こうから、黒煙の太い柱が立ち上った。

神経をぴりぴり尖らせたまま、傭兵たちは眼前の茂みに目を凝らした。いつ攻撃があるかわからない。敵の手作り迫撃砲がまた射撃を開始した。だが、幸いにも、砲弾は俺たちの後方で爆発して、損害はなく、漠とした不安を与えただけだった。

次第にドゥヒの攻撃は収まってきた。敵の作戦は明らかに失敗に帰したようだ。対戦車砲の一部は破壊され、迫撃砲の成果は期待外れに終わった。

ところが、それまで安全な場所でぬくぬくと経過を眺めていたシリア兵が騒ぎ出し、自分らの重機関銃ドゥシュカや対戦車ミサイル砲を馬力のあるフォードに急いで積み込み始めたではないか。ほんの少し英語の話せるシリア兵から聞いたところでは、サディークに退却の命令が下ったらしい。それまでずっと右翼を悩ませていたドゥヒが、われわれの部隊を包囲しようとしているという。

その慌てふためいた話ぶりを裏付けるように、村の右側にある小高い場所からシリア兵が逃げ出し始めた。俺がすぐにそれをラトニクに無線で報告すると、その場所に踏み止まってシリア兵を引き止めろと命令された。もう一度サディークと話し合って、包囲される危険はまったくないと安心させなくてはならなかった。

取り乱した「砂漠の鷹」たちをなだめながら、同時に、遠くで起こっていることを理解して状況を掌握するのは至難の業だ。俺は途方に暮れて、もう一度ラトニクに助言を求めた。すると、いつでも戦う覚悟と、部隊に対する絶対の自信を持っている指揮官の声で「円形の防御隊形をとってその場を動くな、そうすりゃ恐いものはない」と答えてきた。

それを聞いた俺は、毅然とした態度で、粘り強くサディークを説得した。俺の自信はついに実を結んだ。シリア兵はしばらく自分らでひそひそ話してから、トラックを寄せると、急いで積み荷を下ろし、それまでの持ち場へ戻っていった。見るからに完全には納得していないという顔つきの「砂漠の鷹」の指揮官が俺のところへやってきたが、俺たちは動かないというお墨付きをロシアの大将（とは俺のこと）から貰うと、安心した様子で兵士らの間へ戻っていった。

その間に、ブリトイの砲兵隊は砲撃の目標を修正するため前線まで進んできて、俺たちと合流していた。俺には何も訊ねず、煩わせることもなしに、ブリトイは無線係と観測班を道路脇の自然の胸牆《きょうしょう》の陰に配置した。優秀な戦闘員である斥候たちは命令を待つ必要はない。自動装填装置に弾を詰め、銃や暗視ゴーグルを点検して準備を整え、それぞれの防御陣地を固めた。

夜になろうとしていた。俺は周囲を仔細に眺めまわして、「砂漠の鷹」の全員が村の右端にある陣地を放棄したわけではないことを発見した。よい知らせだった。少なくとも、誰がそちら側を守るかという問題は解決された。でなければ、俺たちの小さな部隊を離ればなれの小隊に分けなくてはならなかったろう。そうなれば全体の守りに支障を来たす。

　夜は静まり返っていたが、俺たちは神経を張りつめて待ちつづけた。どうやら、敵は昼間に精力を使い果たして、暗闇の中で総攻撃をかけてくる力は残っていないらしい。俺は二、三時間眠った。だが、日の出前には起きていた。ドゥヒが夜明け直前に攻撃をしかけたがることをよく知っていたからだ。

　チューブの小隊の兵士たちがまもなくトランシーバーで話し始めた。隣接する行動地域に再び動きが見られるという。そこにいたシリア兵の部隊は、前日と同じく、他のサディークの部隊から支援を受けていなかった。俺の考えるに、彼らの連携を欠いた行動の説明はただ一つ、シリアの民間軍事会社の内輪揉めだった。創設者の兄弟がアサド大統領の覚えをめでたくしようと張り合っている結果なのだ。それで、一部の部隊が出撃する時には、近くの行動地域にいる部隊はこれ見よがしに腕組みしたままか、あるいは、身代わりの兵を出して済ませるかなのである。アラブ人の指揮官らはそうしたごたごたを隠そうとしなかったが、それを何とかしようとするつもりもなかった。たぶんそのために、この戦争はいつまでもだらだらと続き、人々が死んで、ロシアの空軍や特殊部隊や傭兵部隊が懸命の戦闘で勝ちとった町や村が、絶えず政府軍の手から反政府軍によって奪還されるのだろう。

俺は部下たちと軽く話したあと、チュープの小隊の無線に注意を戻した。と、耳へ最初に飛び込んできた言葉に俺は唖然とした。「チュープが死んだ……」

小隊が迫撃砲の標的となり、その爆発でベテランの老兵は死んだ。俺は一小隊長だけでなく、真の尊敬を覚えていた男を失ってしまった。部隊が砲火を浴びた時には、隊長は部下を安全な場所へ誘導する任務がある。だが、前線を韋駄天に走るのでなく、的確な命令を与えて、全員がそれに従い、誰も取り残されないようにしなくてはならないのだ。チュープはそれを守っていた。そして、部下の全員が避難してから、自分も見つけておいた避難場所に勢いよく飛び込んだ。だが、今回はそのタイミングを失した。砲弾が炸裂し、その大きな破片を頭に食らってしまった。突撃兵のリャバ（あばた面）は、自身も続く爆発で負傷するのだが、隊長のもとへ駆け付けて抱き締めた。だが、チュープはすでに息絶えていた。

チュープは戦争の仕事人だった。がむしゃらに働いた。アフガニスタンの山道やグロズヌイ〔チェチェン共和国の首都〕の廃墟を駆けまわり、ソマリア沖合いの海賊を掃討し、ドンバス地方をウクライナの民族主義者から解放した。百戦錬磨のエキスパートで、きわめて過酷な状況にあっても常に最善の判断を下すことができ、わずかな時間で連隊屈指の有能で勇敢な部隊を作り上げることができた。その指揮スタイルは「俺のようにしろ」の一言に尽きた。

この元ロシア軍士官は戦場で死を迎えた。真の戦士がみなそうであるように。

　戦争では死はありふれたことだ。傭兵たちはシリアに出かける際に、彼の地で戦友や自分の命さえも失う危険があることを承知していたが、それでも、どの死も毎回衝撃であることに変わりなかった。理性をもってしても知恵をもってしても、受け入れることはできなかった。キンサバでのこのありふれた一日が、俺の記憶にかくも深く痛切に刻み付けられているのはそのためだ。

第14章

突撃はなかった

われわれの攻勢は予定通りの時刻に始まった。士気は高かった。野戦において可能な限りたっぷり休息をとることができたから。前日は滞りなく過ぎた。いつも通りの一日で、緊張することも慌てることもなく、何にも邪魔されずに準備をする時間が十分にあった。兵士たちは行動の態勢が整っていた。無傷のままの舗装道路が前線へつながっていたが、われわれは急がず前進していた。戦闘の装備と水の蓄え、われわれの携行品はそれだけだったが、それだけでも結構重く、体力を温存しておかねばならなかったからだ。夜明けまでにまだ六時間あった。漆黒の闇が突き出した岩肌や周囲の丘陵を呑み込んで、遠くの尾根だけが星空に浮かび上がっていた。闇の中にふいに現れるぼんやりした建物の輪郭だけが、この辺りに住民が住んでいたことを窺わせた。

われわれは幹線道路に到達した。このキンサバ攻略の出発地点の周辺にある廃墟の村へ通じている。そこでまたしてもシリア兵ならではの行動を目撃することになった。「砂漠の鷹」たちは、プロの軍人として説明のつかない奇妙さを二つ持ち合わせていた。指揮官らの統率力や連携能力がないことと、もう一つは、兵卒が戦いでの初歩的な決まりごとを守ろうとしないことだ。レーニンの言う「指導者はやっていけず人民は欲しない」状態なのだ（上の者がこのままの状態を続けられず、下の者が続けるのを望まなくなった時に革命は起こる、とレーニンは言った）。

道路は車で渋滞し、どの車両も灯火管制の初歩的なルールを無視してライトを点けている。村の中では、敵に位置を知られることも気にせず、兵士の群れが火鉢を囲んで暖をとっている。シリア人の指揮官は、部下の兵士のやっていることに口出ししなかった。攻勢の準備は秘密裡に行われねばならないという考えは、まったく埒外《らちがい》にあったのだ。

サディークの騒ぎから少し離れて布陣しようと、俺は村を通り抜けて、外れまで部隊を連れてきた。だが、そこに落ち着くまもなくドゥヒの砲撃が始まって、最初の砲弾が道路から三〇メートルほどのところへ落ちた。続けて次々と砲弾が飛んできたが、もっと遠くへ落下した。幸い、砲弾の多くは飛んでくる途中で爆発した。

「砂漠の鷹」たちは、茫然としたまま爆発を見つめていた。斥候のムスタファが、口汚く罵りながら連中に明かりを消させた。全員が廃墟の中に避難した。俺は心の中で笑っていた。自由シリア軍にもっとましな大砲があったら、このピクニックから戻ってこられる兵隊はほとんどいないだろう、と。

サディークは攻撃のために隊列を組み始めた。例のごとく叫び、罵り、押し合いへし合いしている。俺たちの部隊の目的は単純だった。シリア兵部隊のあとにぴったり付いていき、必要なら掩護《えんご》し、我が方の砲撃部隊の狙いを修正してやること。いつ何どき、思いがけない具合にシリア兵の攻撃隊形が変わるかもしれないことをしっかり心にとめながら。

乱れたシリア兵の隊列はようやく出発した。だが、オートバイで部隊に随行するはずの下っ端将校らは動こうとしない。部下の兵士が前線に達した頃に合流するつもりなのだろう。

東の空が明るんできた、夜明けは間近だ。シリア兵の突撃部隊はまず坂を下り、それからドゥヒの占拠する小さな村（いわば敵の前哨基地だ）のある山の上まで登っていかねばならなかった。そのため、攻勢の第一段階では部隊すべてが丸見えになり、正面から敵の砲撃をまともに浴びてしまう。何と愚かな羊の群れなのだ！　シリア兵が出撃の準備を整えている間に太陽は上ってしまった。本当なら、暗闇に紛れて峡谷の奥まで進めたことだろうに。ひょっとしたら、山の反対側へ登る時間もあったかもしれないのに。初めの頃の楽観は苛立ちに変わっていた。

俺たちは普段より間隔をあけて前進した。いつもより止まることも多かった。腹這いになり、わずかな窪みや藪を見つけては身を隠した。その間にも、山々が暗がりの中に姿を現した。樹木が、岩の堆積が、茨《いばら》の茂みがだんだんと見えてくる。もちろん、峡谷を登っていく武装した男たちの列も。

登りは険しかった。弾薬を運んでいないシリア兵は俺たちよりずっと身軽に登っていき、早くも上の方から砲声や一斉射撃の弾けるような音が聞こえてきた。「砂漠の鷹」たちが攻撃を始めたに違いない。

俺たちが峡谷の外れにある家にたどりついた時には、すでにシリア兵がすべての部屋に押し入ったあとだった。俺は状況を把握するため、家の中をひとめぐりすることにした。が、無駄骨だった！　シリア兵から明確な情報を聞き出すのは不可能だ。たとえジェスチャーを交えても、とにかくまともに説明することなどできないのだから。舗装道路を通ってやってきた下っ端将校らは、自分の兵がどこにいるのか、俺よりもわかっていなかった。俺が家の中をぶらついているうちに、鷹の指揮官らはオートバイにまたがって村へ帰っていき、兵隊は上官なしに自分らだけで取り残されることになった。

どこか不明な場所から狙撃兵が一人、俺たちを狙ってきた。すでにシリア兵が一人やられていた。何としてもそいつを片付けなくてはならない。ゾードチイが三人の兵を連れてモスクのある辺りまで前進した。途中、遮蔽物のないところは一気に駆け抜けた。そこでは、別のシリア兵がたった今脚を撃たれたばかりだった。他のシリア兵は身を隠していた。

峡谷の外れにある家は三階建てで別棟もあり、広々としていた。シリア兵は一階の各部屋に落ち着き、手当たり次第に略奪したあとだった。二階では、モリャーク（水兵）とベールィ（白人）が素早く謎の狙撃兵の位置を突き止めようとしていた。残りの斥候たちは別棟と別棟の間に集まり、狙撃兵の位置についてあれこれと自説を唱えていた。シリア兵らが示した方角は当てにならないように思われた。

相手はどこかわからない隠れ場所から狙撃を続けていた。モリャークが山頂に動きが見えると言って、岩場に見え隠れする黒い人影に向かってドラグノフ狙撃銃[1]を発砲した。自動小銃で応援するには距離が遠すぎるし、他の者は弾薬を節約する方を選んだ。一日は始まったばかりで、弾薬はまだまだ必要だった。

俺たちのあとをたどり、ラトニクが部隊を率いて山腹を登ってきた。連中は防弾チョッキを着用していたので、登るのは俺たちより骨が折れた。俺たち斥候は普通、防弾チョッキをつけない。機動的な任務には素早く身軽に動けることが不可欠だからだ。

ラトニクが斜面を登り切ろうとしていた時、掩護の装甲部隊に命令が下って発砲が始まった。装甲部隊は峡谷の向かい側に隠れていて、山の頂に向かって自動砲をぶっぱなした。

村外れの数軒の家に分かれていたシリア兵は前進を止めてしまっていた。無理もない、指揮官に見捨てられ、前進を続けろと命じる者がいなくなったのだから。連中はでたらめに山頂へ向かって発砲するだけで、乏しい弾薬の予備も使い果たし、すでに二人が負傷、一人が死亡していた。もはや連中が攻撃に加わることは当てにできなかった。

俺はゾードチイに合流するため、例の狙撃手が監視下に収めている一帯を息を詰めて走り抜け、鉄柵のコンクリートの基礎を目指して急いだ。そこにあと少しまで来たところで、いきなり一発の乾いた銃声がした。自動小銃の音よりはるかに大きい。俺は膝を曲げて弾みを付け、残りの何メートルかを転がっていった。銃声が聞こえてから離れ業を演じてももう遅すぎるが、構わない。俺は休まず柵沿いに這っていき、安全な場所まで逃れると、ゾードチイの待っている家の戸口を入った。

その間に、ラトニクの部隊は斜面を登りおえ、小休止してから、モスクの近くの、俺とゾードチイの立てこもる家へ向かっていた。あとで知ったことだが、その辺りにはイラン人志願兵の部隊が陣を構えていたのだった。連中は「砂漠の鷹」のシリア兵より血気盛んだった。

俺たちに合流すると、ラトニクは兵士らに持ち場を指示し、これからの行動を説明した。

（1）スナイペルスカヤ・ヴィントフカ・ドラグノヴァ（SVD）。一九六〇年代にエフゲニー・ドラグノフによって設計されたロシア製狙撃銃。

「シリア兵が動かぬ限り、われわれは自分の身を守る。連中より一歩も先へ進むな」と。

　そのシリア兵らは任務を果たすより、空き家の中で金目の品を探すのに忙しかった。住人は大わらわで逃げ出したと見えて、獲物はたっぷりで鷹たちを大喜びさせていた。俺たちはそうした日常生活の小物にはあまり興味がなかったが、部屋の一つに金庫が見つかると、誘惑に勝てなくなった。ザラトーイが装甲のエキスパートとして自ら名乗りをあげ、仕事に取りかかった。鍵穴に機関銃を撃ち込んだが効果はなかった。そこで、もっと単純で雑な方法を用いることにした。金庫の下で手榴弾を破裂させたのだ。が、まったくの期待外れだった。書類や伝票の束と一緒にあったのは七〇〇シリアポンド《リーラ》だけ。これらの文書はきっと持ち主にとって貴重品なのだろうが、俺たち傭兵にとっては価値のない紙切れでしかない。

　時はゆっくりと流れていた。サディークらが行動を起こすのをむざむざ待っているのが重荷になってきた。ラトニクは頻繁に無線で司令部に問い合わせていた。他の者たちはいくつかの建物に散らばって、とりとめもなくあれやこれや、時には戦争と無関係なことを喋りながら暇を潰していた。

　俺たちは水を見つけた。水の蓄えがなくなっていたので、ちょうどよかった。山を登ったのと焼け付く太陽で体の内側から乾燥していたのだ。常に喉が渇いていたが、これでようやく乏しい食糧を分配して、食事を作りコーヒーを淹れることができる。

飯を食って喋りながらも、ラトニクは兵士たちから目を離さなかった。ラトニクは冗談や皮肉を言って場を和ませる術《すべ》を心得ていたが、周囲で起こっていることをちゃんと監視していて、片時も戦場にいることを忘れなかった。


ラトニクと最初に出会った時から、経験豊かで勇敢で、現場の指揮官としてのあらゆる資質を持ち合わせている士官のもとで働けるのは幸運だと、俺は思っていた。士官学校を卒業し、傭兵部隊に加わる以前はＧＲＵの特殊部隊のもと、チェチェンで「実地に」経験を積んできたラトニクは、驚くべき軍事知識の持ち主でそれを作戦で使うことができた。俺は新米だったが、ラトニクが最高のプロの軍人であるとすぐに認めた。

本物の指揮官と素人との違いはどこにあるのか？　経験の乏しい指揮官は、敵が近付いているとか、味方が前進しているとか言われたら、その方角を手で示すように言うだろう。兵隊を別の行動区域へ移動させねばならないとなったら、まっすぐに乗るべき車両を指すだろう。その指揮官の命令はこんなものだ。「みんな、あの橋をとるぞ。攻撃だ、行け！」とね。こんな指揮官は状況を自分で把握することはできないし、砲兵部隊に目標の座標を示すこともできない。部下の兵士たちは烏合《うごう》の衆と化して橋へ押し寄せ、大損害を蒙って引き返してくるか、砲撃に倒れるか、はたまた同士討ちを始めたりするのだ。

それに対して、プロはまず地図上に場所を示せと言う。そして、自分自身で位置を計算し、兵士を車両に振り分ける。その命令は、誰がどこへ行かねばならないか、どこまで行ってよいか、どこに敵がいるのか、その方向や方法を的確に示して、各自がその目標を理解し、用のない場所へ行ったりしないようにあらゆる努力をする。

ラトニクはしゃにむに突撃したり、敵を追走したりはしなかった。重火器の砲撃で攻撃を掩護し、常に情況を掌握していた。戦闘中には戦況を一望に見渡せる場所に陣どった。肉体的にも強健で、重い荷物を軽々と担ぎ上げたし、必要とあれば、兵士とともに長い道のりを踏破した。

ラトニクは血気に逸《はや》って現実感覚を失うことがなかった。そんな人物のそば近くいられることの恩恵を噛《か》みしめながら、俺はいつもラトニクの部隊から学ぼうと努めていた。賢明な戦い方は優れた手本を見習うことでしか学べない。タッラへの出撃以来、ラトニクの指揮下にある部隊に加わりたいと願っていた。

さて、俺は数人の斥候を従えてモスクへ向かった。モスクの内部は戦闘によって荒れ果てていた。崩れた分厚い壁の上塗りが石やガラスのかけらと混ざって床を覆っていた。壁は砲弾の破片で見る影もなく、煤《すす》で黒ずんだ穴がいくつも傷口のようにぽっかり口をあけていた。だが、これらの破壊の痕も、宗教的建造物の荘厳な美しさには勝てなかった。ひとたび中へ入るや、俺は畏怖の念に襲われた。そうなのだ、とにかく、俺は自分がイスラム教徒だと感じた。それが、神《アッラー》の偉大さと慈悲深さへの信仰を代々伝えてきたバシキリア出身の先祖たちによって刷り込まれていたかのようだった。このモスクが戦争によって傷められたことに、俺はぞっとした。そして突如、この神聖なる場所でまったく思いがけず、胸をえぐられるような思いで、シリアで起こっていることの悲惨さと俗悪さのすべてをはっきりと理解した。この地では、対立する党派が国の利益の分け前に与《あずか》ろうと荒々しくぶつかり合っている。権力、石油、ガス、地政学的な影響力を、さらには、同胞が額に汗して手に入れた慎ましい財産を狙って。愛国者もどきであるより傭兵である方がまっとうだ、と俺は思った。国家の利益の擁護者だろうが、「残虐な体制」に反対する反乱軍だろうが、社会正義の「執行者」だろうが、何と言い繕おうと空文に等しい。

外では、たまたまそこにいたサディークの小隊が気晴らしに興じていた。交替で敵から丸見えの場所に出てきては、敵の方角へ向かって銃を連射していたのだ。このばかげた勇気の示威行為は、強がりの一人が弾倉を空にして倒されるまで続いた。仲間が中庭の塀の陰に引き入れた時には、そいつはもう死んでいた。敵の狙撃兵は静かに標的を待っていて、慌てずゆっくり狙いを定め、一発でしとめたのだった。

突然、敵の陣地から誘導ミサイルの咆哮《ほうこう》が聞こえた。その数秒後に砲弾が爆発し、大口径の機関銃を載せたシリア兵の頑丈な小型トラックが不恰好な鉄の塊と化した。自由シリア軍の兵士はトラックになど目もくれまいと、高をくくって掩蔽しなかったからだ。いつになれば、あのバカどもは真剣に戦うことを覚えるのだろう？　五年間の戦争で賢いシリア人はみな戦死してしまったのか？

日暮れ頃には、「砂漠の鷹」たちが攻勢をかけないことがはっきりした。したがって、俺たちがここにとどまる理由はまったくなくなった。家が迷路のように散らばるこの峡谷を知り尽くしているドゥヒが、夜陰に乗じて進撃し始めたら、俺たちの多くは明日の日の出を拝めなくなるだろう。司令部が前進することしか計画しておらず、あとのことは何も考えていないのは明らかだった。弾薬の再補給も負傷兵の避難も俺たちに予定されていなかったのも、それで納得がいく。

そこで、ラトニクは決断した。「日が暮れ始めたらすぐに峡谷を下っていこう」と。それはもっともなことだった。われわれが出発地点に置いてきた火器はすべて山の上の村へ照準を定めており、われわれの退却を掩護してくれるだろう。おまけに、ここには鷹たちもイラン兵らもいて、こう言っては何だが、敵の注意をそらしてくれるだろう。

道のりの半ばで陽が山に遮られ峡谷が翳《かげ》ってくることを、われわれは計算に入れていた。今朝登ってきた道は下りには通れなかったので、他のコースを見つけねばならなかった。服を引っかけながら茨を抜けて、突き出した岩の間を手探りで進んでいった。何度も行き止まりになって、道を引き返さねばならなかった。

闇の濃くなっていく中、引っ掻き傷だらけになり足首の痛みをこらえながら、長い時間をかけて危険な道を下り切って、われわれは朝の出発点に近付いていった。谷間の中では一度だけ小休止をとったが、同じ場所に長くとどまるのは危険なので、ゆっくり休むことなくまた出発した。

ラトニクは、疲れて腹を空かせた兵士たちを叱咤した。最後の上り坂はきつかった。力尽き、怒りを抑え、絶望に叫び出しそうになりながら、兵士たちは文字通り這っていった。

不愉快なことが起こったのはその時だった。一兵卒のタイガがいきなり「休憩！」と叫んだのだ。俺はすぐさま叱り付けた。俺たちの分隊にはちゃんと指揮官がいるんだぞと言ってやった。だが、数人がタイガの肩を持ち、ろくに戦闘計画も立てられない「将校ら」に対する悪態をぶちまけた。

俺はうんざりした。兵士たちは指揮官への恨みつらみに我を忘れ、敵が近くにいていつ襲ってくるかもわからないことをまったく忘れている。俺たちは敵から丸見えでまったく無防備なのだ。一刻も早くこの坂を登り切って、安全な場所へ遠ざからなくてはならない。こうした状況では自分を鞭打って、何が何でも前進しなければならないのだ。俺は無駄な叱責を止めて、歩き出すように命じた。残りの道すがら、長射程の機関銃の届かないところへ行きつくまで、俺は危険が間近なことを部下たちにうるさく言いつづけてきたが、それでも、次第に小休止を増やさねばならなくなった。というのも、兵士たちは本当に疲労困憊で、わずかでも休息しなければとにかく一歩も進めなかったからだ。

早朝に停めてきた場所にカマーズを見つけ、最後の道のりをそれに乗って宿営地までたどりついた時には、もうすっかり夜になっていた。トラックの積み荷を下ろすのにまた長い時間がかかった。全員が脚も立たないほど疲れ果て、残る力を振り絞っていた。力の大半は、この長く辛い一日で無駄に使い切っていた。

宿営地で、俺たちは最新のニュースに止めを刺された。アルチョムカ・チマーが自動砲から発射された榴弾の爆発で死んだというのだ。まったくばかげた話だった。チマーは初歩的な安全規則を守らなかったのだ。砲手が砲撃を中断する時には、砲身を垂直に立て車両を後退させなくてはならないことになっている。だが、チマーは数メートル後退させただけで砲身も立てずに、車を降りて様子を見にいってしまった。砲弾は放たれ、低い軌道を描いて、一軒の家の鉄筋コンクリートの骨組みにめり込んで爆発した。その破片が、近くにいたチマーの頭蓋骨を砕いた。悲しくなるくらい単純な話だが、頭の中で戦争の論理としっくり来なかった。出撃していった者たちが全員生きて戻ってきたのに、残っていた兵士が死んでしまったとは。

長かった一日は、肉体的にも精神的にもクタクタになった今日という日は、ようやく終わりを迎えた。それはアルチョムカ・チマーの奴にとっては最後の日だった。しかし、他の全員にとっては、この戦争の数あるばかげたエピソードの一つとなるだろう。

第15章 キンサバの陥落

見覚えのある山道を伝って峡谷を下っていくと、ぼんやりと既視感《デジャヴュ》を覚えた。キンサバ攻略の最初の試みから数日しか経っていなかった。今回、われわれは「砂漠の鷹」を先発させた。急斜面を山頂までよじ登るのは止めて、楽をして曲がりくねった舗装道路を進もうと決めていた。

最初の砲弾が舗装道路から数メートル離れた茨《いばら》の茂みに落ちた。俺のいたところから爆発がはっきりと見えた。白煙が立ち上り、雷の轟《とどろ》きのような大きな爆音が聞こえた。

下り坂に沿って山道がもう少しで舗装道路と交差する地点まで伸びていたわれわれの隊列は、ぴたりと止まって腹這いになり、今の砲撃は何だったのかと首をひねった。迷子の砲弾か？　姿の見えない迫撃砲手が方向を試しているのか？　二発目の爆発がほぼ同じ場所で起こった。次いで三発目が。

ドゥヒは、突撃部隊を道路に近付けないためにあらかじめ計算された防衛線に爆弾を落としているに違いない。だがわからないのは、シリア兵先発隊が無事に通り過ぎたあとになって、なぜこんなに遅く砲撃を始めたのかということだ。敵の見張りが最初の部隊を見落として、今になって発砲の指示を出したのかもしれない。あるいは、偶然に目標に当たることを期待して、当てずっぽうに撃っているのか？　とはいえ、今はなぞなぞをしている時ではない。われわれの隊列は砲弾の落ちた一帯へ向かってまっすぐに前進を再開した。

さらに二度爆発があった。ラトニクが強く乾いた声で「全力で走れ！」と叫んだ。危険地帯を一刻も早く越えるため、俺たちは道路へ向かって突進した。携行する武器と弾薬の重みで息が詰まりそうになりながら。

時どき、サディークの兵士がバラバラに分かれて引き返してくるのに出会った。それを見ても、俺たちはもう驚かなかった。最初の頃は腹も立てたが、少しずつ、ラタキア周辺の山岳地帯での共同作戦が進むにつれて、鷹だか虎だか知らないが、戦闘に疲れて一〇人くらいずつ前線から離脱してくるのを見るのに、全員が慣れてしまっていた。

道路は二手に分かれて、戦火を免れたこぎれいなパゴダの左右を迂回していた。独特な形の赤い瓦屋根が岩だらけの斜面を背景に多彩な輝きを放っている。まったく異国の文化に属する建物が、こんなアラブの片田舎にどうして現れたのか知らないが、異国情緒《エキゾチズム》で目を楽しませてくれた。

分岐点まで来て、さてどちらの道をたどるべきか決めねばならなかった。ゾードチイが先発隊のたどったコースを無線で説明してきたが、俺たちに理解できたのはパゴダの右側の道を行かねばならないということだけだった。俺はラトニクと一緒に先頭グループにいて、二、三〇メートル進むと、今度は道路が三叉に分かれており、ゾードチイの説明ではどの道をたどればよいのかまるでわからなかった。

斥候が道筋を説明できないことをラトニクが嘆くのを聞きながら、俺は肩を竦《すく》めた。俺にどうしろっていうんだ？ 訓練センターでの教育期間中、傭兵たちをどれほど集中的に練習させたところで、士官学校の生徒のレベルに到達することなどありえない。士官候補生なら、初めから状況を正確に報告することを学ぶし、事態を欠けるところなく伝えるために必要な語彙や言い回しを教わるだろうが、徴集兵はそんなことをまるで教わらない。その結果、傭兵に志願してきた連中も、兵士としてはまともな連中でさえ、物事を的確に報告することができないのだ。

しばしためらったのち、われわれはパゴダの隣にある小さな庭を横切って山頂を目指すことにした。木々の葉むらがわれわれの姿を隠してくれるし、多くの窪みや岩の出っ張りは、銃撃になった時の隠れ場所にもなる。

高みに上って眺望の開けたところに出ると、すぐに方角がつかめた。それからおよそ一時間後にまた分かれ目に差しかかったが、そこにはキンサバを指した道路標識が立っていた。そこからすぐ近く、五〇〇メートルほどのところに、もう郊外の小さな家並みが見分けられた。そのそばに小型トラックが停まり、周囲で人が動き回っている。それが敵なのか味方なのかわからなかったので、念のため、われわれは戦闘準備をした。

ラトニクはこの作戦を見守っているロシア軍の将軍を無線で呼び出したあと、俺たちに説明した。「同盟軍がキンサバに入った。砲声が聞こえないところを見ると、どうやらもうドゥヒはいないらしい」と。

この戦争ではいつものことだったが、同盟軍の指揮官は、誰もロシアの傭兵部隊のことなんか考えに入れていなかった。だから、誰も事態の進展を教えてくれなかった。シリア軍の将軍にとって、歩兵部隊というのは、安全など気にせず戦闘に投入できる有象無象の集まりなのであった。将軍らが敬意を払いその前で頭を垂れるのは、どのような戦いも味方の勝利に変えてくれるロシアの空軍と大砲だけだった。歩兵部隊には、爆撃によってほとんど壊滅状態に陥った敵の止めを刺す役目しかなかった。それゆえに、決して自分らの部隊をロシアの傭兵部隊と連携させようとせず、信頼できる情報を得られぬ傭兵たちが武装集団に出くわしてどうなろうと、少しも気にかけていなかったのだ。

ラトニクは幹線道路を伝って町へ入ることにした。ゾードチイからの報告では、キンサバの周囲の丘はみなヒズボラ〔レバノンのシーア派武装組織、アサド政権と同盟関係にあると言われる〕の勢力下にあるということだった。ゾードチイは斥候隊を引き連れ、山上から町の周囲や通りを監視していた。

住民から見捨てられ、戦闘によって破壊されたキンサバの街は見るも無残なありさまだった。かつては大理石で飾られていた瀟洒《しょうしゃ》な石造りの家の廃墟ばかりになっていた。

サディークは家々を略奪するのに忙しかったが、政府軍の他の部隊がやってきて、街は迷彩服を着た男たちで溢れていた。シリア軍の兵士は小隊を組んで国旗を振りながら、口々に勝利のスローガンを叫んでいた。次第に車が増えてきて、テレビカメラとマイクを携えた記者たちが兵隊に混じって現れると、ただちに、近くを通りかかる誰彼かまわずにインタビューを始めた。カメラを向けられた連中は武器を抱えてポーズをとり、一様に、長々とした国民への呼びかけで話を結んだ。報道陣は決して単独ではなく、必ずシリア軍の指揮官が付き添っていて、まず映りのいい角度でカメラに向かい英雄的な演説をぶったあと、狂喜した一兵卒にしがみ付かれるのだった。

歓喜に酔いしれる群衆を苦労して掻き分けながら、敵が奇襲攻撃をしかけるために町を放棄した場合に備え、俺たちは防御に適切な場所を物色していた。自由シリア軍の部隊を率いるトルコ人士官はしばしばこの手を使っていたから。それに、俺たちは絶対にカメラの視野に入るわけにはいかなかった。シリア政府軍の部隊が独力で勝利を収めたという神話を守り通さねばならなかったのだ。

このお祭り騒ぎの中で、最初の自動小銃の連射が空中にこだまし、次いで別の一斉射撃が続いた。それから、あらゆる火砲が凄まじい喧騒で祝砲を上げ始めた。その中には、弾薬を浪費しているゼニートの力強い砲声もはっきりと聞き取れた。ちょうどその時、道路の反対側にある崩壊した家屋の間に白煙が立ち上った。

もう一度爆発が起こった。砲撃は何分間か続いたが、幸いにも、敵は前もって決められた目標に向け、正確な座標に基づいて発砲しているようで、風向きと気温が変わってしまっていたので、砲弾は道路や建物を外れ、それを修正する者は誰もいなかった。

砲撃はお祭り気分に少し水を差したが、砲弾が飛んでこなくなると、群衆は再び幹線道路に溢れ出て、続けざまに乗り入れてくる車両で街中が渋滞になった。歓喜に沸き立つシリア兵には無関心に、われわれは、キンサバの町全体を見下ろす通りのそばに陣地を築き始めた。ラトニクの命令下、急いで重機関銃やロケット発射筒を据え、いつでも砲撃できるようにした。また、ラトニクは重火器を引き取りに俺を町の入り口へ遣った。戦闘と行軍でぼろぼろになったポンコツのガズ車は、はあはあと息を吐きながら坂道を上り、群衆を横切ってやってきた。俺たちは戻ってくるとすぐに火器と弾薬の補充をガズ車から下ろした。ゾードチイの斥候隊に食糧と暖かい衣服を持っていくために、俺はラトニクに小型トラックを使わせてほしいと頼んだ。連中はこの二月の寒い夜を山頂で過ごさなくてはならないのだから。俺はただ待っている代わりに、無線で呼んだトラックを迎えに出かけた。サディークの人込みを抜けていくのは徒歩でもたいへんだった。

幹線道路に着くと、戦車の列が蛇行した坂をゆっくりと上ってくるところだった。キャタピラを軋《きし》らせ、唸りながら苦労して上ってきた。いい知らせだ、町なかで浮かれている兵士らに誰かが援軍を送ろうと考えてくれたらしい。とはいえ、いったいどうやって黒山の人だかりを越えて前線の陣地に行きつけるのか、想像に苦労する。シリア人は前線に向かう道を塞《ふさ》いではならないということがわかっていない。おまけに、部隊内の連絡機能も欠いているものだから、時に、シリアの道路は騒々しい東洋のバザールに変身する、絨毯《じゅうたん》売りこそいないけれど。今ドゥヒが反攻をかけてきたら、アサド軍の部隊は大損害を蒙《こうむ》るだろう。突然の攻撃を受けて歓喜の光景は大殺戮《だいさつりく》に変わるだろう。ミサイルで戦車を焼き払うことほど簡単なことはない。戦略家でなくともそれくらいはわかる。この瞬間、戦闘準備のできている兵士は俺たちだけだった。

キンサバは陥落した。が、俺たちは二人の兵士を失った。若いアルチョムカ・チマーとベテランのチュープだ。サディークの羽目を外した喜びようを見ながら、俺の心の空白は広がるばかりだった。この勝利の代償はあまりに大きすぎた……。

第16章 イスラム戦士との遭遇

ハマー県ではさまざまな武装集団の襲撃が跡を絶たず、作戦の当初から、前線に近いこの小さな町の住民は誰もいなくなっていた。われわれの到着は死の沈黙で迎えられた。部隊が灯火のない町へ入っていった時は夜になっていた。俺たち偵察隊は戦闘部隊に編入され、総指揮官のザリーフも、軍事会社の斥候全員を率いるバイケル自身も加わっていた。この地域に来る以前に、偵察部隊はユーフラテス川の東に位置するハサカ県でかなりの苦戦を強いられてきた。

われわれが、政府軍支配地域からほとんど切り離された状態にあったハサカ県に派遣されたのは、地元族長らの組織した部隊の攻勢を支援するためだった。ところが、連中が政府と長い交渉を重ね、要求した武器と弾薬をすべてせしめてしまったあとでわかったのは、実は民兵など存在せず、密輸業者と正規軍の脱走兵からなる小さな部隊があるきりだということだった。族長らには戦闘部隊を組織する力などなかったのだ。だが、シリア駐留ロシア軍の幹部の誰かが、地元部族を味方につけてそれを国際的宣伝に利用しようと思いついた。そして、この新たな地政学的戦略が失敗であることが明らかになると、偵察部隊は、当時イスラム国との主戦場であったハマー県へ急ぎ派遣されたのだった。

今回の任務のために傭兵部隊のさまざまな要員が集められ、二手に分かれて行動することになっていた。先鋒隊として、斥候隊、砲兵隊、戦車要員が無人の道を破壊された工場跡までやってきた。この行動区域を指揮するのは、自身の砲兵部隊と司令部と海軍歩兵部隊〔英米の海兵隊に相当〕を率いてきたロシア連邦軍の将軍で、われわれに宿営地を示し、町を取り巻く丘の一つに監視用の戦車を一両配置するよう命じると、「向こうがイスラム国、あちらがヌスラ戦線。陣を張り防御を固めたまえ。あとは明日の朝考えるとしよう」と簡単に説明しただけで終わった。古参の傭兵にしてわれらが参謀将校のバルティクは余計な質問をしなかった。

われわれは急いで積み荷を降ろした。車両は、残りの傭兵を迎えにやらねばならなかったからだ。細長い工場の建物の一端に弾薬を、反対側の端に食糧とわれわれの荷物をしまった。一両の戦車を指示された通りに移動し、残りの一両は工場のそばに残した。砲兵隊は自走式ロケット砲グラート(1)を唯一無傷で残っていた建物の前に配置した。こうしておけば、いつでも向きを変えて、将軍に指示された二方向をカバーすることができる。そこからほど近い窪地に、迫撃砲手が陣を構えた。それから歩哨を立てると、どうにか一夜の宿営の格好がつき、嵐の前のひと時を利用してわれわれは休息をとった。

夜明け近くに、工場のある地域で強烈な砲声が轟《とどろ》き、次いで、町の他の場所からも爆発音が響いてきた。市街に進駐してきた部隊を残りの主力から分断するため、ドゥヒが同時に二方向へ集中砲火を浴びせ始めたらしい。砲撃を見下ろせる位置にあるシリア軍の検問所《チェックポイント》の辺りで、爆弾車《ジハード・モビル》が爆発し、巨大な灰燼《かいじん》を巻き上げ、装甲板の破片を四方八方に撒き散らした。そうしてできた突破口から爆薬を満載した二台目の車が突入して、われわれのいる工場めざしてやってこようとしていた。みんな右往左往して、誰も食い止めようとしない。対戦車砲を載せたトラックの運転手が、騒然とした中を弾みながらこちらへ向かってくる爆弾車を見てとって、アクセルを踏み込んでから運転台の外へ飛び出した。慣性力によってトラックの前の車台は走り続け、コンクリート塀の残骸を乗り越え、ようやく止まると「腹を向けて」爆弾車の突進を阻んだ。物陰に逃れようとした運転手は、爆風に飛ばされて空中で一回転すると、爆発でできたクレーターに落下した。イスラム戦士があちこちから現れて襲いかかってきたが、ヒズボラとロシア連邦軍の砲火に阻止された。

（1）多連装ロケット砲システム。

ロシアの将軍は海軍歩兵部隊の指揮にかまけて他の部隊のことを忘れてしまったが、それでも勇敢さを発揮し、海軍歩兵部隊の防衛を組織して敵の最初の攻撃を撃退した。

将軍から何の命令もやってこないこと、それぞれが自力で自分を守らねばならないことをすぐさま悟ったバイケルは、参謀将校のバルティクがパニックに陥ろうとしているのを横目に速やかに状況を把握すると、工場近くの小さな丘へ退却し、態勢を立て直すように命令した。町なかで戦ったらどうかとバルティクに言われると、躊躇《ちゅうちょ》なく言い返した。

「われわれはまるで市街戦に慣れていない。少しずつ分断されて潰されるだろう」

次いでバイケルはザリーフを呼ぶと、工場の塀の破れからグラートを撃とうとしている砲兵隊の方へ飛んでいった。戦車兵たちが、T－90戦車のある丘の上に二両目の戦車を持っていってもよいかと許可を求めた。

「何のために？」

バイケルにはわからなかった。

「上にある戦車を下ろさなくてはならないからです。バッテリー切れなんですよ。エンジンを入れずに暗視装置で見張れと将軍から言われたもので」

勇敢なる将軍は、士官学校にいた時に、夜間暗視装置のバッテリーが数時間で切れるということを聞き漏らしたらしい。戦車兵は命令に背けずその通りに従った。その結果、バッテリーが上がったというわけだ。われわれの二両目の戦車が現れると、辺りはたちまち敵のゼニートの的になってしまったので、戦車兵は走って下方にあるガードレールの陰に身を隠すしかなかった。戦車を牽引して下りるなどもう不可能だった。敵の榴弾が炸裂するので、動かない戦車に近寄ることもできない。二両目の戦車の操縦士はそのまま山の麓まで引き返してきた。その時、工場の廃墟を照らし、砂煙を巻き上げ、耳をつんざく唸りを上げて、われわれのグラートが敵の方角へロケット弾を放ち始めた。

その間に、傭兵たちはバイケルの命令に従って高台へ移っていた。まだ使える物は何もかも運んできた。迫撃砲も対戦車ミサイルもすべて使えた。二両目の戦車も戻ってきた。一方、俺たち斥候隊は大急ぎで防御拠点を築き上げていた。他の小隊の指揮官たちと話してわかったのは、一人の兵士も失っていないということだった。全員が生きていて、あのトラックの運転手がひどい脳震盪《のうしんとう》を起こした以外は負傷者もいなかった。各小隊の持ち場をめぐって命令を伝えていたバイケルとザリーフは、指揮官に見捨てられた味方の兵士の一団に偶然出くわした。それはレバノン人連隊の兵卒たちで、ためらいなくロシア軍の指揮下に入った。次にバイケルが取り組んだのは、山上で動けなくなった戦車の問題だった。あの最新鋭のロシア製戦車を絶対にドゥヒの手に渡してはならなかった。最悪の場合は破壊しなくてはならない。対戦車砲がただちに山頂へ向けられた。照準を合わせて砲手が叫んだ。

「くそっ、戦車の砲塔にドゥヒがうじゃうじゃしてやがる！」

「あの戦車を片付けてくれ！」バイケルが叫んだ。

一発目のミサイルが轟音を上げて飛び去った。ミサイルはみごと戦車に命中した。が、双眼鏡で覗いても損傷は見られない。二発目のミサイルが放たれた。またも命中、が、まだ効果はない。だが、戦車内部にある爆弾が爆発するのを恐れてドゥヒは遠くへ散っていった。一方、小高い丘の頂上から機銃掃射するのは容易《たやす》かったから、われわれは弾薬を無駄遣いせずに敵を工場跡から追い払うことができた。ドゥヒは丘の別の斜面から登ってきてこちらの背面を突こうとしたが、われわれの激しい銃撃にまたも阻まれた。夕暮れまでイスラム勢は何度も攻勢に出ようとしたが、救援にやってきたシリア軍と空軍に押されて退却せざるをえなかった。

戦闘は終わった。疲れ切った傭兵たちは悪態をつきながら、使い古しの砲弾の山からまだ使えるものと屑鉄にするものを選り分けていた。ありがたいことに全員無事だった。砲弾やゼニートや機関銃が雨霰《あられ》と降り注いだにもかかわらず。驚くべき勝利だった。俺たちは奇跡的に助かった戦車を点検して、我が国の軍需産業の優秀さに胸を熱くした。確かに砲塔に弾痕はあったがたいしたことはない。砲尾にひびが走って煤《すす》が飛び散っていたが、割れ目はなかった。半時間でバッテリーが充電されて戦車は動き出し、みんなは喜びの声を上げた。敵の攻勢は全員の協力のおかげで撃退された。今ではもう、正真正銘の砲火の洗礼を受けた海軍歩兵部隊も立派にロシア軍の数に加えることができる。彼らは国へ帰って胸を張って誇れるだろう、俺たちは本当に戦ってきたんだと。

第17章 コペイカ

二〇一六年三月の初め、われわれが派遣されて三カ月目のことだった……。ずっと上の方、シリア政府とロシア軍司令部の間で、パルミラ解放のためにようやく大規模な軍事作戦を遂行する決断が下された。パルミラはフルリ王国の珠玉の都として、古代世界に繁栄をきわめた都市国家の一つで、その美しさと荘厳さから「砂漠の花嫁《フィアンセ》」の異名をとっていた。パルミラは象徴的な場所で、ここを敵の手から奪還することにはアサド政権の威信がかかっていた。この作戦のために、シリア軍の主力や地元軍事会社の部隊に加え、ロシアの空軍や特殊部隊、それにもちろん傭兵部隊が総動員され、再編成されて勢ぞろいしていた。

われわれ傭兵部隊は、同盟軍から離れて活動することになっていた。それはこちらにとっても好都合だった。というのも、サディーク相手のそれまでの経験から、互いに同じ価値観を共有していないこと、実際の戦闘においては、むしろわれわれの活動の妨げになることがわかっていたからだ。傭兵部隊では、一兵卒から総指揮官に至るまで誰もが、これから対決するのは恐るべき敵だと理解していた。イスラム国の骨格はイラク軍の退役職業軍人や世界中からやってきた熱心な狂信者で構成されていて、豊富な戦闘経験の持ち主ばかりだった。イスラム国は、戦車もミサイルやロケット弾発射システムも、通常の迫撃砲も自走式機関砲も有し、擲弾筒《てきだんとう》や銃器も十分で、イラク軍やシリア軍から手に入れた弾薬の蓄えも無尽蔵にあった。この戦争の間ずっと、秘密の供給経路を通じて、イスラム国の占領地で採掘される石油と武器・弾薬との交換が絶えることはなかったのだ。軍の兵器庫から来たものなので、イスラム国の兵士の武器はどれも工場製だった。シリアの反政府軍とは違って自力で作る必要はなかった。

起伏の多い平原一帯からホムスの東に延びる山脈までを支配していた年月に、イスラム国は地勢を最大限に活用し、攻囲戦に対しても真剣に備えていた。断崖に穿《うが》たれた洞やトンネル、塹壕、鉄筋コンクリートの要塞、これらは、空襲や集中砲火に対する兵士や装備の隠れ家になっていた。敵は戦場の地理に明るいので戦略的優位に立ち、熱狂的信仰で防衛能力は高まっていた。

その日、俺たちは定刻通りに出発した。任務は、部隊の移動予定コースを事前に偵察すること。俺はしっかりと朝食をとり、習慣にしているコーヒーと煙草を終えると、カマーズに乗り込もうと待っている斥候たちのところへ向かった。そして、部下たちに手を上げて挨拶すると、さんざん懇願し要求したあげく、ついに手に入れた小型トラックへ乗り込んだ。工兵を乗せた装甲車を先頭に、車列は地平線にかすかに見える山脈を目指して動き出した。

使い古したポンコツの兵員輸送車ＢＴＲはのろのろ進んでいったので、左右に広がる景色をゆっくりと眺めることができた。俺は子ども時代のウズベキスタンを思い出した。砂漠が広がり、遠くを青い尾根が取り巻いている光景は同じだ。だが、俺の思い出には、道路沿いの検問所もなければ、要塞から突き出した大砲や重機関銃もない。

前線へ向かう舗装道路に沿ってパイプラインが走っていた。時どき、パイプラインのポンプステーションを通り過ぎた。ここは油田地帯で、その支配をめぐる争いで何年も前から多くの血が流されてきた。いつもながら俺は考えた。石油こそ、この果てしない戦争の主要原因の一つなのだ。石油が、いや、石油のもたらす大金が大勢の人間を惹き付けた。ちっぽけな山師や羞恥心もないビジネスマンから、民主主義やら国家の主権やら民族自決やらのスローガンの陰に、真の動機を隠している列強各国に至るまで。

誰でも金が必要だ。家を建て、子どもを育て、妻の愛情を得るために必要な者もあれば、権力を奪いとり、法外な富を獲得し、下劣きわまりない本能を満たすために必要な者もある。いつも危険に身をさらし、額に汗してパンを稼ぐ者もいれば、そういう人間たちを使って安全で快適なオフィスの中から「歴史を作る」者もいるのだ。

四〇分ほど行くと目的地に着いた。俺たちは車両を掩蔽《えんぺい》すると（敵はわずか四キロのところにいた）予定のコースに沿って歩き始めた。敵との境界線はところどころ途切れている。工兵のあとをゆっくり進みながら、周囲に目を凝らし、この見知らぬ土地に慣れようと努めた。十字路があってそこから先は立入禁止区域だった。道は五〇〇メートル先で塹壕に遮られ、その向こうにはドゥヒの陣地が広がっている。斥候隊は立ち止まり、司令部を呼んで命令を待った。その時、工兵の一人が隊長のところへ来て、自分が拾った物を見せた。

地雷探知機がこの小さくてまん丸で平べったい物に反応したのだ。そばにいて仔細に見ていた連中は、驚きの溜め息を洩らさずにいられなかった。「おやおや、とんでもないものが！」。工兵の見せたのが過去の文明の遺物だったとしても、これほど驚きはしなかったろう。それはソ連時代の一〇コペイカ硬貨、一九五七年鋳造のものだった。たぶん、ソ連時代にシリアを訪れた軍事顧問か民間技術者が落としたものだろう。それを今日、世紀をまたいでロシアの傭兵が見つけたわけだ。国へ帰るのがこの硬貨の運命だったのだ。

俺たちは手から手へ硬貨を渡し、代わる代わる何分も眺めていた。長らく行方知れずだった相棒に再会したみたいに。俺たちや俺たちの父や祖父がやってくる前にここにいた連中からよろしくと言われているかのようだった。硬貨から光が発散し、無精髭を生やした俺たちの顔を照らしているようにも見えた。確かに、金は人間の魂を貪り食う怪物だが、時には心を温めてくれることもある。

突然、無線から引き返せと命令が伝えられ、俺たちは急いで基地へ取って返した。戻ってすぐに気付いたのは、傭兵全員が気を落とし奇妙な怒りに囚われていることだった。原因はロシア軍機だった。味方のヤストレブ（鷹）戦闘機がわれわれの陣地の真上に急降下してきて爆弾を投下したのだ。起こりうる可能性のあることは必ず起こるというマーフィーの法則に違わず、爆弾はみごとに命中した。それから戦闘機は旋回して再び攻撃態勢に入った。傭兵部隊に同行していた空軍の目標設定係がパイロットと連絡をとろうとしたが無駄だった。そいつは強力な爆弾の炸裂で、傭兵たちと一緒に非業の死を遂げた。犠牲者は遺骸も見つからなかった。せめて救える命はないものかと、四肢をもぎとられ内臓を吹き飛ばされた大勢の負傷者が急いで運び出された。あのパイロットをずたずたに引き裂いてやると、猛り狂った傭兵たちはすぐ近くのティヤス（T－4）空軍基地へ殺到した。そこにロシア空軍が駐屯している。そこにいたパイロットたちはすぐに同僚を見捨て、それはフメイミム基地の本隊に所属する奴に違いないと釈明した。実際、空軍の司令部はそのバカ者を俺たちの手の届かない安全なところへ逃したのだった。そいつは罰せられないままだ。今この瞬間にもロシアのどこかで、シリアの空の勇姿を語っているかもしれない。

第18章 負け戦

二〇一五年の春までに、イスラム国はホムス県の大部分を征服し、他勢力を排除して完全掌握したと宣言した。それから、間近にある広大な山脈を活用して、パルミラ周辺に強力な要塞網と地雷原と車の走れる道路を張りめぐらした。シリア政府のあらゆる奪還の試みに備えてのことである。われわれの目標はドゥヒの防衛線を突破して、敵陣深くデリゾールへ向かう道路まで進攻することだった。傭兵部隊は前線まで進んで待機し、いつでもシリア軍の要塞を越えて敵に向かって出撃する準備ができていた。サディークの前哨基地は自然の境界線をなす丘陵に沿って走っており、その麓には捨ておかれた採石場があって大きな岩がごろごろしていた。イスラム武装勢力には政府軍の攻勢に備える時間が十分にあった。というのも、高台に陣を構えている敵には、わざわざ情報を集めにいく必要がなかったから。この砂漠では車両が通ると分厚い砂煙が巻き上がるので、周囲の平原の動きは手にとるようにわかるのだ。

短い砲撃を加えたのち、同盟軍が最初に進撃を始めたが、山の支脈までやってきて敵の機関銃を浴び、岩の上に死体を残したまま引き返してきた。もう一度砲撃が始まった。今度は傭兵部隊が前進する番だったが、敵の激しい銃撃と砲弾の雨で少しも進めない。機関銃のぶんぶんいう音に、敵のゼニートの唸《うな》りが加わった。救援に呼ばれたＳｕ－25攻撃機が目標地点を正確に爆撃したが、効果はない。重機関銃とゼニートが相変わらずどこからとも知れず撃ってきた。

傭兵部隊には敵の防衛態勢を粉砕するような最新鋭の標定装置はなかった。もちろん、ロシア軍の駐屯部隊はそうした機器を所有していたが、それを自分たちの作戦で使用することはほとんどなかった。ロシアの軍隊には悪しき風習がある。新品で高価な装備を後生大事に守り、うっかり壊したり戦闘で失ったりするのを絶対に防いで、上官の雷が落ちないようにすることだ。大昔から、ロシアの将軍は兵士の命に一文の値打ちも認めないけれど、機材には責任を持たねばならないと思っているところがある。一方、俺はそこはかとない不安を拭えなかった。俺の斥候隊が配属された中隊の指揮官は、せかせかと動き回っているばかりでこちらはほとんど動きについていけない。俺がいるということを絶えず言って聞かせねばならなかったが、向こうは攻撃を準備するのに忙しかった。斥候隊が配属になると聞かされたのは最後の土壇場で、俺たちに構っている暇などなかったのだ。

指揮官には指揮官なりの行動計画があった。それは経験に裏打ちされたもので、そこに斥候隊の出番はまるでなかった。自分の部隊に俺たちの居場所を見つけて、いつ俺たちの手を借りるかを決めるのは、頭を悩ます問題が一つ増えただけだ。軽火器しか携行しておらず、まったく異なった目的のために訓練を受けた兵士が一〇人余計にいようと、たいした力にはならなかった。

「君らは後続部隊に入りたまえ」。結局そう決めて出かけてしまった。ゲラシムが（今回、俺はゲラシムと一緒だった）いきなり周囲のイライラ気分に油を注ぐことを言い出した。またしても斥候隊に本来の専門とかけはなれた任務が課せられたのを、ゲラシムは憤っていた。俺も同意見だった。俺たちの仕事は標的と移動経路を見つけることだ。知らない中隊の後続部隊と連携して行動すれば、山ほどの問題が起こりかねない。しかし、出撃の直前に上官と言い争ってもいいことのないのはわかっていた。俺たちが戦闘を逃れたがっていると疑われる恐れがある。現場で臨機応変に対応しよう、と俺は答えた。必要があったら掩護《えんご》に駆け付け、それ以外は俺たち斥候の役目を果たしていればいい、と。目標は定まった。あとは俺たちが実行するだけだ。

俺たちは最低の気分だった。何の予備知識もなしにイスラム国の陣地を襲撃しなくてはならない。おまけに、身を隠す起伏のまったくない、敵から丸見えの斜面を上っていかねばならなかった。俺たちを嘲笑《あざわら》うように、知らない位置から休みなく迫撃砲が飛んできた。一発落ちて爆発したと思ったら、次から次と、こちらの陣地へ降り注いできた。

敵を黙らせようと空からも地上からも反撃を試みるが、効果はなかった。そこでシリア軍は戦車を一両掩蔽《えんぺい》場所から引き出して、周囲を取り巻く丘の頂《いただき》へ向けて発砲し始めた。凄まじい砲声が轟《とどろ》き砂煙が立ち上ったが、戦車は勘に頼って闇雲に発砲するばかりで、考えがあっての行動というより、一か八かの必死の抵抗に見えるのだった。命中する可能性はごくわずかで、戦車を失う恐れさえあった。対戦車ミサイルを放ってくるのはドゥヒの常套手段だったから。

マックスはドローンを用意させた。突撃部隊の指揮官は四回転翼機《クワドコプター》を見て目を丸くした。指揮官は俺たちにどんな装備があるのか訊ねようともしなかったのだ。もっと驚かされたのは、われわれの「トンボ」がもたらしたデータだった。携帯タブレットの画面には、兵士やさまざまな兵器を収容するために設けられた陣地が地下道で結ばれている様子がはっきり映っていて、暗い人影が塹壕《ざんごう》の中を移動していた。そうした陣地には、自走式重機関銃や山中のどこかに隠された戦車をいつでも迎え入れられる用意まで整っていた。この前線地域にイスラム国がどれだけの戦闘用車両を配備しているか、誰にも確かなことは言えない。敵は綿密に防衛網を張りめぐらせていたので、十分な準備もなしにいきなり襲撃して占領しようというのは、拙速で無茶な話に思われた。

敵の軍勢がどのように配置されているのかを調べるのにかまけて、われわれはすっかり忘れていたが、ドゥヒの側でもこちらを偵察し反撃の好機を待っていたのだった。

最初の砲弾は傭兵たちが隠れている胸牆《きょうしょう》のすぐ前で爆発した。二発目ははるか後方に落ちた。それ以外の砲弾は狙い過《あやま》たず、突撃する兵士のど真ん中に命中した。たちまち上を下への大騒ぎだ。着弾地点の近くにいてまだ元気な兵士は死傷者を車両へ運び入れ、息のある者に応急処置を施した。他の者は採石場まで後退の命令を受け、花崗《かこう》岩の岩塊の陰に身を隠した。

爆発のあった時、俺は味方の要塞の一番上にいて、双眼鏡で前方の戦場を監視しているところだった。何か硬くて重いものがヘルメットにぶつかったと思ったら、俺は弾き飛ばされ、斜面を滑り落ちていった。突然体中の力が抜け、激しい吐き気に襲われた。俺は掩蔽壕《バンカー》の近くの壁の端にしがみついて、そのまま数分間、周囲で起きていることを眺めていたが、何もかもが遠く感じられ、意識がぼんやりしていた。マックスが俺を助けにきて気付け薬を嗅《か》がせてくれた。俺は部下たちに退却を命じた。そこに新たな砲弾が落下して、トランシーバーから三人が負傷したという声が聞こえた。だが軽傷だということでほっとした。

俺はショックから完全に立ち直ると、退避するために小型トラックを呼んだ。砲撃は続いていた。ドゥヒは重火器を総動員したらしい。爆発のあとには、ロケットブースターの不気味なシュウシュウいう音と無反動砲SPG－9の銃撃音が聞こえた。

「こちらを見下ろして撃ってくるのは長射程砲でもなければ擲弾筒《てきだんとう》でさえない。どこか近場から撃ってるんだが、いまだに位置を突き止められない」とブートがぼやいた。

味方はまったく手も足も出なかった。

ちゃんとした偵察もなく、明確な行動計画もなく、前線に多くの兵を集中しすぎていたので、こうなって当然だった。敗北はこたえるが、それは認めねばならない。パルミラ攻防の第一ラウンドはイスラム勢力の勝利に終わった。

第19章 パルミラ近郊

パルミラ周辺での戦闘は熾烈をきわめた。イスラム戦士《ジハディスト》はそれぞれの山の頂上で全力で粘りぬき、傭兵部隊の圧力にできる限り抵抗した。イスラム国は、アサド軍とも自由シリア軍とも、またヌスラ戦線とも違っていた。非常によく組織され、統制がとれ、武器も行きわたり、サディスティックなくらい容赦なく、死を恐れぬ手強《てごわ》い敵だった。聖戦とカリフ国家樹立の呼びかけに馳せ参じた大勢の男たちは、その信奉する教義によれば、不信仰な輩を殺すのをためらわず、いつでも自らの命を犠牲にできなければならない。攻めるには冷静で、果敢にひたむきに戦い、まず自爆《カミカゼ》攻撃をしかけてきた。守るには、弾の尽きる前に抵抗を止めて何のためらいもなく後退するが、いつ何どき、いくつもの方向から同時に反撃があるかもしれなかった。

灼熱の太陽に照り付けられ、われわれはずっと前から前線にいた。待たされすぎて、ドゥヒの要塞に襲撃をかけようという決意が鈍りそうだった。攻撃の時期と方法に関する議論はベートーベンの最終決定で終止符が打たれた。ただちに二方面から同時に攻勢をかけねばならない。右翼からは斥候隊を伴ったラトニクの中隊が、左翼からはニコラの中隊が。

突撃部隊と斥候隊はすぐさま山頂に登るために隊列を組み、ラトニクの合図で出発した。われわれの右手では、ブリトイの砲兵隊が敵の隠れていそうな岩の出っ張りに榴弾を浴びせ、ドゥヒを向かいの斜面から追い払って敵からの側面攻撃を防いでいた。われわれは戦闘の心構えをしていた。十字を切る者もいれば神《アッラー》に祈りを捧げる者もいた、敵を罵って済ませる者もいた。それぞれに違っていたが、この瞬間はたった一つ、兄弟たちの集まりだった。

半時間後、われわれは山麓に着き、休むまもなく敵の要塞を目指して山腹を登り始めた。目指す山頂は、時どき自動砲の砲弾の爆発に隠れた。麓《ふもと》に残って掩護《えんご》するチョールヌイとゼットが正確な狙いで敵を洞穴へ押し戻していたのだ。

最初の斜面を登ったところで、ラトニクの部隊は二手に分かれた。左手へ向かうのは、若いが経験豊かなイノストラネツの率いる斥候隊、右へ向かうのは俺の率いる部隊だ。登りはきつかった。撃たれたり地雷を踏んだりする恐れがあるので大股で進まねばならず、息が切れる。恐れは生存本能の自然な表れだ。誰も殺されたり体が不自由になったりしたくはない。死を欺き、苦痛を逃れられると期待して出撃していくのだ。恐怖から緊張が増し、地面に張り付きたい、穴に隠れたい、もう動きたくないという抑えがたい欲求が生まれる。しかし、目的を果たさねばならないという義務感が、それを乗り越えて頂上までよじ登り、敵を殺して砦《とりで》を落とし、自分を無事に生き延びさせてくれるのだ。

途中で落伍者を待たねばならなくなった。歩き出す前に、俺たちは重くなりすぎた防弾チョッキを捨てていくことにした。俺は機関銃手と擲弾砲手も残していくことにした。二人とも残りの上り坂と敵陣までの四〇〇メートルをここから掩護することができる。

敵との距離が狭まれば狭まるほど、五感は警戒態勢に入り、目は敵の姿を探し、脳は見たものに敏感に反応するようになる。だが、恐怖は無意識の一番奥底に隠れている。今にも敵とばったり遭遇するのではないか、という考えに肉体が刺激される。そうなったら、遠い物陰から撃ってくる敵の優位はない。獲物に跳びかかろうと体中の筋肉を引き締める捕食者のように、兵士は襲いかかる。もはや恐れるものはない。頭上を飛んでいく銃弾の唸りも、足に跳んでくる石の欠片も。

襲撃は雌雄を決する場面になった。山頂に達した俺たちは隠れ家に身を潜めていたドゥヒを壊滅させた。味方の砲撃が止んだ。俺たちが照準に入ったので当たるかもしれなかったからだ。イノストラネツは俺より難しい任務を負っていた。正面から敵の要塞を攻めなければならず、今のところ、物陰といってはわずかな岩の突出しかない場所で、すぐ上にいるドゥヒからの砲火に耐えねばならなかったのだ。俺の部隊の兵士たちは疲れ果て、まだ全員が頂上にたどりついていなかった。口惜しかった。味方の火力を増して圧力を強めねばならなかったのに、それをやらせる人間がいなかった。三人の兵士と軍医のアンドリューハがいただけだ。アンドリューハは最初から暴れたがってしょうがなかったので、俺は抑えるのに何度も大声を出さねばならなかった。

岩の出っ張りの向かいに広がる台地にたどりつき、俺は掩護を受けながら、走って大きな岩の陰に隠れて足場を固めた。部下たちはもう少し左手に隠れている。前方の砂利に目を凝らすと、俺のところから敵の要塞内の連絡路の一部が見えた。そこに動きがあった。岩肌と見分けのつかない砂漠用迷彩服を着た敵兵が一人いる。俺は引き金を引いた。と、敵の一斉射撃。さっきの岩陰に戻って身を隠すやいなや、ちょっとはみ出した左足から二〇センチのところにあった小石が跳ね飛んだ。反射的に両脚を縮める。銃撃は側面からやってきた。俺は銃口をそちらへ向けて連射した。部下たちも銃撃を始めた。動きのあった迷彩服の敵兵へ向けて、あるいは、敵の銃弾の飛んでくる方向へ。迫撃砲弾が俺の岩のすぐ近くに落ちた。ドゥヒを狙って？　続いてすぐに二発目が着弾した。味方の攻撃ではなく、敵の放った砲弾が逸れたに違いない。俺の右手で、ヨージック（ハリネズミ）が地に伏して、自動小銃《アソールトライフル》の銃尾を肩に当てた。瞳が興奮できらめいている。隠れ場もない石だらけの台地に体を投げ出して、敵に掃射を加え、這いながら近付いていた。

応援に駆け付けたこの兵士の大胆さに見とれたあと、俺は部下たちの方を振り返った。誰も欠けていない、全員無事でほっとした。ドゥヒの命運はもう尽きた。あとは左手の部隊が始末をつけてくれるだろう。

われわれはまもなく山頂に着き、小休止してから接触線に沿って分散した。そこから思う存分一斉射撃を浴びせたので、敵は要塞の奥へ後退せざるをえなくなった。あらゆる敵の反撃の試みは弾幕射撃によって未然に阻止された。イスラム勢は主導権を失った。われわれはすでに接近しすぎていたし、匕首《あいくち》のように鋭いわれわれの銃撃で、敵の防衛設備は粉砕されたからだ。敵を地面に張り付けたまま、俺たちはもっと接近して手榴弾を投げることができた。その時だ、反対側の山腹に敵の小型トラックがいるのに気付いた。ドゥヒが負傷者を運び出しているか、援軍が到着したところに違いない。ゲラシムが機関銃手に代わって自らペチェネグ機関銃を連射し始めた。車両の周囲に小さな砂柱がいくつも上がったところを見ると、この距離でも狙いは過《あやま》たなかったらしい。乗っていた連中は飛び出し、ちりぢりに逃げ去った。

そうしている間に、左翼から進撃していたニコラ中隊の突撃部隊が山頂にたどりつき、三方を傭兵に塞がれたドゥヒは、もはや難攻不落の要塞に隠れていることはできずに逃げ出した。

止めの瞬間だった。俺のいるところから髭面どもが逃げていくのがよく見えた。ロシア軍の銃弾からできるだけ遠ざかろうと、武器や爆弾を捨て、何もかも放り出して走っていく。が、遮蔽物のないところへ出るや、たちまち斥候たちの銃撃に倒されていった。離れているにもかかわらず、山登りや戦闘の疲れを物ともせず、傭兵たちの狙いは冷酷なほど精確だった。ドゥヒは次から次と一定の間隔で、遮蔽物のない地帯を横切っていくので、まるでわざと俺たちに復讐の機会を与えてくれているようだった。人影が崩れ、倒れた勢いでそのまま少し這って、ついに動かなくなると、次の人影が現れて同じことが無限に繰り返されるのだった。

立場が逆転して、今では俺たちが安全な場所にいる捕食者だった。俺たちは狩猟の快感に浸って、正面に見える尾根へ向かって逃げようとする敵を手当たり次第に殺していった。敵が丸腰だろうが誰もためらわない。この長い襲撃の間に溜まりに溜まった緊張の埋め合わせをしていた。

戦闘は終わった。傭兵たちは頭がまだ少し朦朧《もうろう》とし疲労困憊していたが、それでも、戦利品を求めて敵陣を走りまわった。金になる書類や電子機器がないかと死骸をあさり、ポケットを空にしたあと、すでに硬直したイスラム戦士の死体に罵りを浴びせた。それからまだ、敵の反撃に備えてわれわれの防御も固めねばならなかった。

岩だらけの山頂のそばに立ち、俺は山々の麓から始まる砂漠を見下ろしていた。この位置から眺めると、われわれが隠れ場にしながら登ってきた壕や盛り土もみな、残りの平原と一つに溶け合っていた。実際、ここからは何もかも見えた。もし敵を砲撃で完膚なきまでに叩き潰しておかなかったならば、おもしろいように敵の狙い撃ちになっていたろう。砂漠や山の支脈は超現実的な様相を帯びていた。肉体の衰弱と危険にさらされた反動かもしれない。俺を取り巻く世界が幻想的な光景に見えてきた。車両が走っていくのまで、奇怪な生き物が道を掻き分けていくようだった。

俺は本当にくたばっていた。膝が痛くて、ほんの半時間でもいい、目を瞑《つぶ》って休まなければならなかった。だが駄目だ、仕事があった。たとえゲラシムがいても（ゲラシムは有能で経験豊かな兵士だが）、俺の指揮官としての義務から完全には解放されない。くそっ、この国は、俺が擦り切れてぼろぼろになるまで使ってくれる！

俺の意気阻喪は肉体的疲れだけが原因ではなかった。時に駄々っ子より始末の悪くなる部下たちのこともあった。突然、斥候部隊を設けた理由を忘れて、どう使ったらよいのか決めかねる幹部たちの無理解もあった。だが、俺が精神的に疲れ果てた一番の理由は、俺や仲間たちがこの国で戦っているのが、腐敗して自国民から嫌われた政府のためであり、主権を主張する権利もなくした市民のためであること、そして、われわれの支援しているのがまったく無能な軍隊であることに気付いていたからだ。俺にとって戦争は決してただの稼ぎ口ではなかった。自分がどちら側について戦い、どんな価値を擁護しているのか、知っている必要があった。ゲス野郎が他のゲス野郎を叩きのめすのを手伝うこと、たとえそっちが最初のゲス野郎よりもっと残虐で冷血であろうとも、そういうのは俺に合わなかった。俺には重荷だった。

部下たちが陣地を固めている間に、俺は気分を変えようと占領した土地を一巡した。要塞は岩石の露頭に築かれていた。そのために掘られた塹壕が縦横に走っていた。岩に穿《うが》たれた窪みや穴はどれもドゥヒの死体で一杯だった。最初の砲撃で命を落とした奴もいれば、あとから榴弾でやられた奴もいる。山の別の斜面にあった第一の防衛線の後ろにも窪みや狭い岩棚があって、死体や薬莢《やっきょう》や武器や弾薬が散らばっていた。俺は一〇メートルほど下りて、一人の髭面の死体のそばに立ち止まった。どうやら負傷がもとで息絶えたばかりらしい。爆発物は身につけておらず、まだ柔らかな体は仰向けに、ラクダの毛で織った毛布の上に横たわっていた。傷跡は見当たらなかったので、なんで死んだのかわからない。振り返って、俺は新品のリュックの山を見つけた。山頂の陣地からは見えない突き出した岩の下にあって、岩屑を被っていた。隣には自動小銃と擲弾筒が垂直の岩壁に立てかけてある。適当にリュックの一つを開けてみると、まだセロファンに包まれたイスラム戦士の制服一揃いが出てきた。山を登ってくる前に自分のリュックを破っていたので、これが代わりになるだろう。中国製の粗悪品だったがしかたない。それにちょっとした記念にもなる。俺は別のリュックを通りかかったニコラの隊の兵士に差し出すと、自動小銃を一緒に持って部下たちのところへ戻った。自動小銃は壊れておらず、五つの弾倉も満タンだから役に立つだろう。一、二キロ離れたドゥヒの陣地で（明日はそこを目指さねばならない）、大口径の機関銃が目を覚ました。物陰に避難しなくてはならない。

ゲラシムが斥候を連れて待っていた。

「俺たちが逃げる敵を撃ち殺した場所に、アルタイとヴァリャーク（ヴァイキング）が下りてみたところ、一人生きていたらしい。重傷を負ってるんだが、ここへ連れてくる必要があるかな？」

話しながら、俺の持ってきた銃をしげしげと眺めている。

「はっきり言ってないな、どのみちくたばるだろう」

この山頂では必要な手当てを施してやることはできないし、俺たちみんな疲れ切っていて、そいつを麓まで送り届ける奴もいなかった。

ゲラシムは頷《うなず》いて無線で命令を伝えた。

「そのままにしておけ、アルタイ」

一分後、遠くから銃声が聞こえた。敵の苦痛を短くしてやったのだ。アルタイとヴァリャークはまもなく戻ってきた。嬉しいことに、両手に食料を抱えている。下の方にドゥヒの食料の詰まった地下壕があって、ドルマ〔米、挽き肉、野菜などを混ぜたものを蒸し煮にした料理〕の入ったプラスチックケースの山を持ってきたのだ。みんな飢えて死にそうだったから我勝ちに手が伸びた。ドゥヒが自分らの食料に毒を盛る恐れはなかった。敵には陣地を放棄するつもりはなかったのだし、われわれが現れて驚いていたのだから。やがて、補給部隊が水と食糧と弾薬を携えて山頂にたどりついた。

ラトニクが無線で俺たちを呼び戻した。ベートーベン自らが占領した要塞に合流した。この山頂の襲撃は大作戦の第一段階でしかない。これからさらに山脈を乗り越えたところに、最終目的地パルミラが待っていた。敵は敗れたどころか、まだまだ血気盛んで勢いづいている。われわれの装備が集まっていた麓の辺りで、砲弾が炸裂して分厚い噴煙が上がった。続いて二発目が。ただちに車両が移動を始め、砂埃を巻き上げながら敵の砲撃の届かないところへ後退した。

第20章 やったぜ！

パルミラの北、数十キロのところに延びる山稜の頂《いただき》の一つで、俺たちは夜を過ごした。日没とともに凍てつく風が吹き出した。かなり重さのあるリュックや装備品を動かすほどに強かった。崖の上で刺すような風に吹き付けられ、テントも暖房用ストーブもなしに夜明けを待つのは辛かった。できることと言えば、アノラックにしっかり包まって、時どき立ち上がっては勢いよく体を動かすことだけだ。

前日、ベートーベンは二つの襲撃中隊と山頂に登った斥候部隊の指揮官を集めて次の目標を設定した。いわく「われわれは尾根を横切り向こう側の山腹へ下りて、パルミラ攻略を遂行する」と。それは当然の作戦だったが、ドゥヒから奪い取った陣地を守るための兵を残していく余裕は味方になかった。そんなことをすれば戦闘の方があまりに手薄になってしまう。とはいえ、安心して前進し、ダマスカス街道を押さえる敵の第二の防衛線を占拠するには、後方の安全を確保する必要があった。

そのために、われわれはサディークの支援を当てにしていた。ラトニクなどは重火器を備えた班をつけてやろうと考えていたくらいだ。だが、いざやってきた二〇〇名の兵士と指揮官は、守りにつく代わりに、イスラム戦士の死骸の前で自撮りをしたり、レポーターの撮影カメラの前でポーズをとったりし始めたのだった。あまりの厚かましさにわれわれは呆然としてしまった。シリア兵は敵の死骸と写真に収まるだけでは満足せず、硬直した死骸に跳びかかって足蹴にしたり銃剣で切り刻んだり、中には死んだ敵の首にロープを巻き付け、岩場の上に引きずっていった奴らもいた。首を斬りおとすつもりだったのだ。手に負えぬ蛮行にすぐにうんざりして、われわれはシリア兵どもを手荒く追い払ってしまい、連中は機嫌を損ねて、来た道を帰っていった。自分らのためにロシア軍が占領してくれた陣地を守ろうなどとは一瞬も考えずに。

それでしかたなく、小隊を割いてわれらが拠点の防御を補強しなくてはならなくなった。サディークの考えが変わるのを待っている暇はない、一刻も早く次の山の頂を奪い取らねばならなかった、鉄は熱いうちに打てという。

ようやく日が昇った。風は止み、太陽が二つの山塊の間に広がる谷間を照らした。携行食の缶詰を掻き込み、荷物の詰まったリュックを背負い、道筋を確かめながらわれわれは谷を下り始めた。二つの隊列は一つに合流し、ほどなく二つ目の山の麓にたどりついた。

そこで小休止し、座って煙草を吸いながらとりとめもないお喋りをした。見知らぬ断崖の間をうねりながら登っていく長い道と、向こうで自分たちを待っているもののことを考えたくはなかったから。前進するぞ、とラトニクが命令を繰り返した。

この戦争でお目にかかるのは、来る日も来る日も同じ状況だった。シリア同盟軍はせいぜいどっちの方角に敵がいるかを知らせてくるだけで、それ以上詳しいことは教えない。なのに、われわれには自ら偵察を行う時間も手段もなかった。それでも政府間の協定があったから、傭兵部隊はそれに従わざるをえなかったのだ。

登りは長くかからなかった。リュックを山の麓《ふもと》に残し、三列に分かれて、われわれは敵の抵抗にも遭わずに登りきった。山の反対側には見渡す限りの砂漠が広がっていた。この無人の光景の地平線をハイウェーがくっきりと突っ切っていた。左手には、朝靄《もや》を透かしてパルミラ近郊の野菜畑が見分けられた。俺たちは陣地を築きながら素晴らしい光景に見とれた。マドリードがわれわれの位置を測定し砲兵部隊に連絡した。遠く北にあるこの山脈の最後の頂ではすでに砲弾が爆発し、頂上を砂煙で覆っていた。ロシア空軍の星印をつけたヘリコプターが上空を旋回し、ロケット弾をドゥヒへ撃ち込んでいた。パルミラを守るイスラム国の最後の砦《とりで》に対する攻撃は、ヤクートの率いる部隊によって行われた。それをラトニクの突撃部隊が側面から掩護《えんご》し、俺の斥候隊は、敵の予備軍が山塊を越えて援軍に駆け付けるのを完全に封じていた。要塞に籠城しているイスラム勢には抵抗できる見込みはなかった。

パルミラがわれわれの手に陥落すると誰もが確信していた。よくぞやったり、傭兵たちよ！　丸一年の間、戦車や戦闘機や大砲をもってしても、シリア軍が一メートルも前進できなかったのに、ベートーベン率いるロシア傭兵部隊がわずか二日で、一人の犠牲も出さず、第一の防衛線の要塞を奪って第二の防衛線に到達し、そこから下ろうとしていた。傭兵たちは忠実に仕事を果たし、その報酬に見合う働きを為したのだ。

第21章 負傷

戦争で最悪のことが起こるのはいつも、敵が敗れたように見えて、勝利がすぐそこにあると思われた時だ。無意識があなたに囁《ささや》く。「力を抜け、万事順調だ、もう敵はいない、緊張を緩めて、ちょっとくらい戦いのルールを忘れたっていいだろう」と。その欲求に負けるなら罰は避けられない。

斥候隊は監視哨の下にある道路に地雷を埋めようと決めて、山頂を下り、遮蔽物のない道を伝い、岩だらけの低い尾根のようなところを縦走していた。だが、その下り道はまったく安全というわけではいなかった。突き出た岩に機関銃の照準の視野が塞がれていた。静かな一日で、周囲の山を監視していた狙撃手は何の動きも認めなかった。

だが、イスラム国の戦闘員は気付かれずに前進していて、斥候隊はまんまと敵の待ち伏せに遭ってしまった。ドゥヒは一気に現れて先頭の三人を倒し、さらに二人に怪我を負わせた。二人は反撃しながら何とか岩陰に後退した。ドゥヒは山頂へ登りながら監視哨へ発砲を始めた。斥候たちは地面に張り付き、まるで応戦することもできなかった。敵は激しい銃撃で掩護《えんご》されながら倒れた三人の斥候へ近付き、装備のベルトをつかんで引きずっていった。

その朝、俺はティヤス（T－4）空軍基地に出かけていたので、それを知ったのはあとになってから、前線へ戻ってくる途中に無線で聞いたのだった。後衛部隊のそばでスピードを落とし始めたカマーズから飛び下りると、俺は近接偵察班に命令を下し、それからベースキャンプへ駆け上がった。戦利品として掻き集めた銃弾を弾倉に詰めながら、何が起こったのか、部下を質問攻めにした。急がねばならなかった。微かな希望だけれど、完全に消えたわけではない。敵はこちらの銃撃に心を奪われて、捕虜を連れていく暇がなかったかもしれない。防弾チョッキは置いていくことにした。山中を移動するには重すぎる。ヘルメットは？　俺のヘルメットはどこだ。しかたがない。手榴弾は？　ポケットの中にある。さあ、進め、戦場へ向かって。

途中で、兵たちがゲラシムを運んでいくのに行き合った。ありがたい、生きている。が、傷は深そうだった。斥候たちが山を下ってくる場所でザリーフに出くわした。ザリーフの報告は混乱していてわかったのは一つだけ、捕虜になった仲間の運命については何も知らないことだった。銃声の聞こえる方へ進んでいくと、岩陰でバイカルが自動小銃を肩に構え、猛烈な射撃で敵の機関銃を圧倒していた。バイカルは左手に動きがあると言って俺に示した。俺は人影が逃げ出すのを見つけて発砲した。少し上ではラトニクの部隊も準備ができていた。よし、前進できる。運がよければ、部下たちはまだ生きているだろう。

「ザリーフたちは左から接近しろ」

俺は叫んで、バイカルとズロイ（ワル）とスキフ（スキタイ人）を連れ、互いに掩護しながら遮蔽物のない場所を登り始めた。

突き出た岩の陰に、バイカルに撃ち倒された機関銃手の死体があった。その一〇歩ほど向こうに自動小銃と弾薬があった。俺の弾は狙った人影に当たり、そいつは何もかも投げ捨てて逃げ出したらしい。

「ベルトレ、ヴァリャーク、アルタイ‼」

俺たちは仲間の名前を叫びながら前進した。一斉射撃が俺たちを阻んだ。くそったれ、俺たちが近付くのを待っていたに違いない。が、幸いにも狙いが外れた！　俺は手榴弾を投げて崖の陰に隠れた。それから、敵兵の隠れた穴に向かって連射した。他の兵士たちも同じ方向に向かって、てんでに手榴弾を投げた。

その時だ、あとから何度も思い返して、決して自分に許せないことが起こったのは。わずかな時間、ほんの一〇秒ほどのためらい。それが重大な結果をもたらした。岩陰にかたまって指揮官の命令を待っていた四人の兵士は、敵の格好の標的となった。

爆発は聞こえなかった。自分が三メートル飛ばされて仰向けに横たわっていることも、すぐにはわからなかった。周囲のすべてが朦朧《もうろう》として現実味を欠いていた。ようやく一番近くにある物体に（それは大きな石だった）焦点が合った瞬間、鋭い苦痛に貫かれた。体中が痛い。ちょっとの動きでも、空気を吸うだけでも苦痛に襲われた。周囲には何も見えなかった。ただ時どき、遠くから仲間の叫び声が聞こえてくるだけだった。俺はできるだけ動かないようにした。じっとしていれば少しは楽だったが、我が身の無力感に呑み込まれていった。こんな状態でイスラム勢の手に落ちたらどうしよう、という恐怖で苦痛は二の次となった。俺のカラシニコフ銃に手が届いた。苦痛をこらえてそれを腹の上に据え、両足の間の空間に狙いをつけ、目の前の虚空に向かって途切れ途切れに撃ち始めた。俺は生きていて自分を守ることができるんだぞ、とわからせるために。それと同時に、元の場所へ戻るんだと自分に命じた。仲間たちのいる場所へ。仲間たちはすぐにやってきて俺を助けてくれるだろう。体が言うことを聞かず、俺は座ることもできないで、仰向けのまま這っていけるだけだった。俺は意識を失い、仲間のところへ戻りたいという不屈の意志と苦痛だけになっていった。

どれだけの間、苦痛に耐えつつ仰向けで這っていたろう？　永劫に思われた。誰かが俺の脈をとり、応急手当をするために装備を解いてくれた時、俺は無力で抵抗のできない哀れな人形にすぎなかった。仲間の叫び声と鎮痛剤の注射で俺は現実世界に戻ってきた。俺の真上にラトニクがいて、機関銃を連射しながら負傷者の手当てをしている兵士に命令を飛ばしていた。俺はどうにか立ち上がった。苦痛は減らなかったが、何とかタイガの肩につかまってベースキャンプまで歩くことができた。タイガは俺を軍医に任せると戻っていった。戦闘は終わっていなかったから。軍医のアンドリューハは俺の傷の具合を調べ、また注射をして包帯を巻き、緊急に退避させる手筈を整えた。仲間の肩を借りて負傷者を待っている車両のところへ下りていく。歩き始めるとすぐ、痛みは胴体の下半分に移動し、腹と骨盤にある内臓が強い力で押されているようで、息をするのも動くのも苦労した。自分が救われ、岩場に放置されずに仲間のところにいることを悟って、一瞬ほっとした途端に、俺はまた崩れ落ちて動けなくなった。切れ切れに息を呑み込みながら、前進する力を探したが無駄だった。相棒が俺を立ち上がらせた。凄まじい苦痛だが進まねばならない。向こうには病院があり、医者がいて……それにナターシャが！　そうだ、ナターシャが俺を待っている、ナターシャのところへ歩いていかなければ！

「行け、重傷の奴らを助けてやれ。俺は一人で大丈夫だ」喘ぎながら俺は言った。

俺は山の麓で待つ装甲車へ向けて歩き出した。ナターシャが待っている、下まで歩いていかなければ。生き延びなくては。俺は強い、生き延びられる！

第22章 昏睡

疲れ果て、力尽きて、一歩また一歩と苦労して足を進めながらたどりついたのは、窓のない高い塀に囲まれた区域への入り口になる小さな建物だ。その前には歩哨が無言で立っている。近付くと歩哨には顔がない。歩哨は脇へ退いて俺を通した。一瞬後、俺は爪先から頭まで武装して、部族の長と歩いていた。護衛に囲まれた族長と一緒に、ひと続きの巨大な回廊をめぐっている。回廊の両側には切り立った高い崖と古代風の手彫りの円柱が並んでいる。突然、長い隊商の列が現れた。大きな象が列をなして厳《おごそ》かな足取りで静かに進んでくる。絨緞《じゅうたん》で飾られた象の背に細工物の吊り籠があり、族長と取り巻きを乗せて運んでいる。俺はその先頭に立ち、辺りに目を凝らし、いつでも自分の周囲に防御の円陣を張りめぐらせるように身構えながら歩いている。武器となるのは俺のベルトから現れ出た太くてしなやかなホースが何本か。形と鱗《うろこ》が蛇のようで、そいつで身を守りながら、俺の強力な自動小銃を撃つ用意をする。と、今度は、俺の前にどこか見覚えのある男がいた。ソビエト時代の将軍だ。俺は将軍に訊ねる、どうやって俺はここへ来たのか、俺は何をすべきなのか。しばらく考えて将軍は答えた。「君は死にかけていたからここへ来たのだ。だが、ここに君の場所はない。仲間のところへ戻っていきたまえ」

俺は、ふたたび垂直な崖に挟まれた巨大な回廊の中にいた。だが、今は隊商の一員ではなく、離れている。俺は外から行列を眺めており、軍装もなくなり、壁に寄りかかる腕力もないありさまだ。両脚の力が抜け、もう立っていることもできない。武器を携えた屈強な半人半獣の神話的な生き物たちが俺を囲み、頭《かしら》の命令でどこかわからぬところへ俺を連れていく。気が付くと、俺はプロペラで進む機械に乗っていた。国境をパトロールするホバークラフトのような乗り物だ。国境のこちら側には死者の国の軍隊がいる。ホバークラフトの搭乗員は侵入者を見張っている。送信機と長距離視覚装置のついた重いヘルメットを被った俺は、パイロットと同時に偵察員だ。普通の車両や装甲車が四方八方へ移動している。車両の形状は絶えず進行方向によって変化する。引き返す時には運転台が一八〇度回転してバックする。必要に応じて関節アームや何に使われるのかわからない装置が出現する。トラックの荷台には、先史時代の人間のような男らが兵士の貫頭衣《トゥニカ》をまとい、カラシニコフと機関銃を携えている。兵士らの憎しみに歪んだ顔、太くて短い手足、いつも背中を丸めたずんぐりした体は、俺をげんなりさせるが怖くはない。兵士らは野生の動物的な憎しみで一杯で、常に仲間同士で争い合い、あらゆる手段で殺したり傷付けたりしている。

　そうしたことすべてが俺には耐えられず逃げ出したくなったが、ホバークラフトは死者の国の国境を越えることはない。それどころか、国境に近付くたびに後ずさりしている。俺にはホバークラフトの動きが作り出す重力に逆らう力がなく、手足を動かすことも体を移動することもできない。俺の頭はヘルメットに押しひしがれ、ナターシャやお袋や兄弟や友だちがいる世界へ戻ろうとするたびに、それは激しい苦痛とともに失敗に終わる。

　俺は部屋の中にいた。ごつくて髭面の死者の国の兵士が二人、金属の床の上に俺を寝かせ、両腕を広げて床に固定された環に縛り付けた。俺の真上にはぽっかり開いた四角の揚げ戸《トラップ》があって、その上からヘリコプターが金属の短い槍をまっすぐに投下してくる。俺は恐怖でぞっとして避けようとするが、腕が固定されている。それでもやっと、超人的な努力で両脚を頭の上へやって逃げ出すことができた。二人の兵士は怒って追いかけてきたが、俺はすでに別の場所にいた。今度は強い光線が顔を照り付け、ヘルメットがまたしっかりと頭に張り付いている。俺はもうこの苦痛に耐えられず、解放してくれと叫び、懇願した。もうこれ以上、死者の国の偵察員ではいられないし、いたくもなかった。

　俺は硬いベッドに寝かされていた。そこは天井が透明で明るい大部屋だ。辺りを見まわすと、同じようなベッドの上で、腕も脚もない負傷した男らが呻《うめ》き声をあげ、助けを求めている。明るい服を着た人間が告げた。ここにいる一人ひとりの運命を決めるのは私で、全員が私に従わなくてはならない。生者だけがここにいられる、死者はここに入る権利がない。それに、ここを取り巻く強力な結界を死者は越えることができない、と。なるほど、入り口にはホログラムのように半透明の人影が押しかけて覗いているが、中に入れないのだった。それらはやがて生まれ変わって死者の国の兵士となるべき、死者の魂なのだ。

光を発する人物の指示で、助手たちが何度も俺に奇妙な仕打ちをした。容赦なく俺の体に手を突っ込んでは内臓を引きちぎったり、コバルトブルーの液体を注ぎ込んだりしたのだ。時どき、部屋は大勢の白衣を着た人々で一杯になった。まるで使徒のようで、一人ひとりの負傷者に近付き、顔を覗き込み、議論を始めた。その顔は蠟《ろう》に刻まれたように無表情で唇だけが動いていた。ある時、使徒たちは妥協にこぎつけられた（誰との妥協かは言わなかった）ので、この部屋の者は全員、死者の国から地上の生者のもとへ移送されると告げた。その日から、部屋の住人は一人ずつカプセルに乗せられて外へ送られた。俺の番はなかなか訪れず、ある時、俺の番は来ないのだとわかった。使徒たちは俺のことについては間違ったのだ。ある日、永劫の淵から目を覚ますと、いつにもなく体が軽く感じられ、もはや死はそれほど恐ろしいものと思えず、神の選択を受け入れる用意ができていた。俺は親戚や家族にまた会えるという希望を失い、ただ神に懇願した。お袋やナターシャや娘をお見捨てにならないで下さい、と。それしか求めなかった。自分はもう死ぬものと諦めていた。

目を開けると、周りのあらゆるものが違ったふうに見えた。建物の輪郭も、ガラスの天井も、病室のベッドも、白衣で背の高い知的な眼差しの男も、すべてがそれまでよりはっきりとしていた。男は俺に近寄って注意深く目を覗き、胸の上に屈み込むと「明日、気管切開を外せば喋れるようになるよ」と言った。俺は少しずつ昏睡状態から抜け出した。俺は助かった、手榴弾では死ななかったのだ。まもなく家族と再会して、また起きられるようになるだろう。俺はそれからさらに二カ月入院して二度手術を受けなければならなかった。春の間中、手術と同じくらい辛い結紮《けっさつ》を何度も辛抱しなくてはならなかった。榴散弾《シュラプネル》の破片が俺の筋肉から出ていった。縫合から出血した。手術を受けたあとでは一人で車椅子から立ち上がりベッドに横たわることもできなかったが、それでも少しずつ力が戻ってきて、筋肉が本来の活力を取り戻していった。それに、いつも傍らにはナターシャがいてくれた。俺がロシアに戻ってきて昏睡状態にあると知ると、女房はすぐに病院に駆け付け、それからは片時も俺のそばを離れず、俺専属の看護人となったのだ。俺に食事をさせ、ストーマパウチに溜まった排泄物を捨て、話し相手になり、そして、ただ黙って俺に寄り添って、俺が眠る時には肉がげっそり落ちた腕をやさしく撫でてくれた。俺の意識が戻ってからは娘もやってきた。娘と俺は、ようやく、穏やかに心を打ち明けて話し合い、二人の間の対立や不安を解消することができた。娘が車椅子を押し、俺が自分の考えや感情を打ち明ける。そこで少し休んで、それから今度は、娘が膝掛け毛布を直しながら自分の思いを打ち明ける。俺の毎日は規則正しく平穏になった。

集中治療室を出て幾日かしてから、俺は士官学校時代の中隊指揮官に電話をかけた。ロシアの英雄であり、俺にとってロシア将校の模範でもあるその人は、俺のことを知るとすぐさま、モスクワ在住の旧友たちに動員をかけたので、全員が交替で見舞いにやってきただけでなく、俺に適したストーマ用具を手に入れるのにも力を貸してくれた。同じ病院に入院している傭兵部隊の戦友たちも俺に会いにやってきた。仲間の顔を見ると元気が出たし「会社」の近況も聞けた。誰も慰めてもらおうと思っていなかったし、手足を失ったり内臓を引き裂かれたりした運命を呪っていなかった。俺たち誰もが、契約の暗黙の了解のうちであるのを承知していた。誰の助けもなしに車椅子で移動できるようになると、今度は俺がベッドに寝たきりの仲間を見舞う番だった。ナターシャに二階分上がるのを手伝ってもらい、俺はミールヌイに会いに行った。ラタキアの北の山岳地帯やパルミア郊外でよく一緒に戦った狙撃手だ。ミールヌイは地雷で片足の踝《くるぶし》から先を失い、今は、両脚に負った深い傷が癒えるのを待っていた。ミールヌイも愚痴は言わず状況を受け入れていた。みんなと同じように。

俺の前には回復までの長く困難な道のりが待っていたが、辛抱強く最後までやりぬく覚悟ができていた。なぜなら、俺の一番の願いは傭兵の仕事に戻ることだったから。確かに危険ではあるが、他の生き方は考えられなかった。

第23章 勲章

二〇一六年一〇月、クラスノダールの傭兵訓練センター

「勇気の勲章[1]」は俺の手の平にあった。銀の重い十字勲章で、ウオッカをなみなみと注いだ軍隊用の金属の大コップの底にあったのを（もちろんウオッカを飲み干してから）歯でくわえ上げたものだ。俺は勲章をラトニクに差し出した。上官であるラトニクに、俺のスペツナズのアノラックの襟へ留めてもらうために。俺は最近、ラトニクの指揮下に配属されたばかりだった。

質素な食べ物の載ったテーブルを囲み、五人の傭兵が立っていた。包装紙の上にソーセージの輪切り、それからピクルスの瓶詰とウオッカのボトルが並んでいる。マドリード、バイカル、パソフ（杖）、バンディート、そして俺の五人は、勲章授与の儀式を執り行っ

（1）ロシア政府の正式の勲章だが、マラートたちにはクレムリンでの盛大な式典はなく秘かに授与された。こうした形で傭兵の戦功に報いるロシア政府の民間軍事会社との結び付きを示す証拠でもある。

たあと、顔を赤らめて、部屋に集まった仲間たちから祝福を受けた。ほろ酔い加減の俺たちは、余所者には顰蹙《ひんしゅく》かもしれないが傭兵にとってはいつもの冗談を飛ばし合い、ふざけ半分の喧嘩がどっと笑いを誘って、兵舎の薄いベニヤの仕切りが震えるほどだった。俺たちはテーブルの周囲に座ったりベッドに横になったりしていて、その多くにとって勲章の授与式は見慣れたことだったが、それでも感動的で晴れ晴れしかった。

戦争のプロにとっては誰でも、勲章を貰うのは、たとえ金銭的報酬はなくとも、それなりに大切なことだった。金で働く傭兵には似合わず奇妙と思われるかもしれないが、傭兵の意識はそんなふうにできている。金銭以上に同胞から、さらには郷土や祖国から、自分の仕事の有用さが認められることを渇望していた。ベートーベンの傭兵たちにとって大義に加わることは必要不可欠だった。傭兵たちが何度でも進んで前線に戻っていくのは、自分たちの苦労や犠牲が結局のところ、時に呪いはするものの、何よりも愛してやまないこの地球の一画の、基盤と権威を強めることにつながるとわかっているからなのだ。勲章は傭兵たちに自尊心を維持させてくれる。たとえそこに一抹のうぬぼれがあろうとも、傭兵には当然の権利がある、傭兵に与えられる褒賞は正直に稼いだもので、国防省の命令で配られたものではないのだから。

俺たちの多くは軍隊にいたことがあり、勲章や栄誉の値段も、将官の昇進をめぐる商売が繁盛しているのもよく知っていた。だが、民間軍事会社の指揮官も、自分のような者にあるいは部下に、誰それが戦闘に参加したこともないのに勲章を受けるのはなぜなのか、言い訳しなくてはならない日が訪れるかもしれない。それはともかく、遠からず腐敗の蛆虫《うじむし》が傭兵部隊にも入り込んでくることになるだろう。

俺たちのささやかなパーティーは、たけなわを過ぎて静かになってきた。小さな集まりがあちらこちらにできて、とりとめもないお喋りが始まった。胸のうちを明かすような打ち解けた話もあった。ラトニクとイノストラネツは、俺をかくも長らく使用不能にしたあの戦いについて詳しく話し出した。あの時は、機関銃手の一人が恐がって持ち場につこうとしないので、ラトニクが自らペチェネクを手に、助けにきたイノストラネツやマドリードたちを掩護《えんご》したのだった。イノストラネツが頭を掠《かす》めていく銃弾の音に身震いしながら、命がけで俺とスキフを物陰に引き込んでくれた。翌日、ドゥヒは、俺たちが占領したあの山頂からシリア軍の兵士をやすやすと追い払ってしまった。だが、いったんは後方へ引き下がったものの、傭兵たちは敵の部隊を粉砕して山頂を奪い返したのだ。そのあと、仲間たちはパルミラの古代遺跡をぶらぶら歩きまわったという、俺がやりたかったみたいに。

俺は耳を大きくして、貪るように兄弟たちの話を聴いていた。俺は自分がこの共同体に属していると感じていた。ある者は正教会の十字架を首に提《さ》げ、ある者は異教の刺青《いれずみ》を体に彫りコーランや律法《トーラー》をポケットに入れている、この故郷も宗教もてんでばらばらな人間を集めたこの家族の一員であることを疑わなかった。それがなければ、ここに仲間とおらず、パルミラを見下ろす山の頂《いただき》で腐って死臭を放っていたことだろう。

俺は全身の細胞で一気に悟ったのだった。仲間たちが死に敢然と立ち向かっていったのは命令を実行するためでなく、前へ進め、倒れた兄弟を救いに行け、と命ずる内なる声に従ったのだということを。「傭兵の仲間意識」はただの耳に心地よい言葉ではなく、再三再四確かめられてきた事実であり、生存本能が意志を鈍らせ隠れるようにそそのかしても、あえて危険を冒して命を救うように駆り立てる名誉の掟であると確信したのだった。

われわれが将来どうなるかは誰にもわからない。俺は仲間たちのところに、傭兵たちの家族のもとに戻ってきたばかりで、艱難辛苦《かんなんしんく》の任務に耐えられるまでにまだ完全に回復していないのは確かだが、急ぐことはない。元気を取り戻し、その時が来たら戦友たちに借りを返すつもりだ。自分に本分を与えてくれる人生は、真に望むなら、もう一度同じ流れに浸ることのできる川のようなものだ。

第24章

振り出しに

二〇一七年二月、パルミラ近郊のT－4空軍基地

石油、この可燃性で油性の液体は何百万年も前に生成され、地殻の下に埋もれた巨大な自然の油層に蓄積されている。地球上のさまざまな地域に分布し、何世紀も以前から人間に知られていたが、それが最も重要と言わないまでも、きわめて重要な化石資源の一つとなったのは、産業革命の到来以降のことである。石油の所有は世界中の多くの武力紛争や政治対立の直接、間接の原因となっている。

近東の国々はそうした悲劇的な争いを目の当たりにしてきた。長らく砂漠の後進国にとどまってきた国の中には、石油のおかげで世界有数の富裕国の仲間入りをし、重要な観光とビジネスの中心となったところもある。だが、ある者にとって天の恵みは、他の者にとって呪いであった。かくして二〇世紀全体を通して暗黙の原則が世界の政治を支配した。シリアの石油はシリア人のものでないということだ。

独立して一世紀にも満たないこの国は、まだ完全な政治的主権を確立していない。中央

政権の弱体から長く血みどろの内戦が勃発し、その原因はシリアの石油をめぐる大国の利権と直接につながっている。二〇一一年以来この国を引き裂いている内戦は、重要な当事者のみならず、実にさまざまなテロリストやナショナリストのグループを巻き込み、そうした集団はそれぞれの政治目標を追求しつつも懐を肥やすことを忘れなかった。それにはたとえ一時的にでも、油田を一つか二つ手に入れればよかった。主に石油資源の売上によって国庫を潤しているシリア政府は、ほとんどすべての油井《ゆせい》を失うことになってしまったのである。

二〇一五年夏にパルミラを奪ったイスラム国は、シリアの油田地帯のほとんどを支配していた。数ではるかに優位に立つ政府軍は潰走《かいそう》を重ね、自国の油田を守れないことを露呈した。失った地域を奪還しようとするあらゆるお粗末な試みは、多大な犠牲を出す結果に終わった。石油を失ったアサド政権は破綻の瀬戸際に追い込まれ、ロシアの軍事介入だけが権力を維持する手段だった。ロシア駐屯軍とともにベートーベン率いる傭兵部隊がやってきて、内戦のバランスを逆転するのに無視できない役割を果たした。われわれ傭兵部隊の作戦参加の絶頂期は、パルミラの戦いだった。パルミラの勝利で舞い上がったシリア政府やロシア軍のお偉方は、自分たちこそがイスラム国敗退の立役者と考えて、早くも将来の報奨や昇進を勝手に夢想しながら、もう傭兵の助けは必要ないだろうと宣言し、「やんわりと」帰るように促したのだった。ところが、イスラム国の軍隊が思わぬ反撃をかけてきてパルミラを奪還してしまうと、たちまち現実に引き戻された。シリア軍は大混乱を来たし、蜘蛛《くも》の子を散らすように逃げ出したので、さすがのロシア空軍も危急を救うことはできなかった。イスラム国は再び広大な油田とガス田を支配下に収めたのである。

ゆえに、軍の敗北とエネルギー資源の急激な不足に直面したシリアの指導者は、自国の軍隊の戦闘力のなさに落胆してベートーベンの傭兵部隊のことを思い出し、われわれに二重の目標を設定した。すなわち、油田を奪還してそれを維持することである(1)。

(1) 一度は暇を出されたものの、傭兵部隊は戦闘に呼び戻された。シリア政府と民間軍事会社の幹部の間にはおいしい契約が交わされ、「会社」はダーイシュ（イスラム国）から取り返した油田やガス田から上がる収益の二五パーセントを手にすることになっていた。この合意について傭兵たちはその時何も知らなかった……。パルミラをはじめ、傭兵部隊がいなくなってから敵の手に落ちた油田を、二度と失わないよう厳命されていただけだった。

第25章

快適な出発

　国防省の部隊が詰める検問所を越えて、われわれのバスの車列は地方空港に向かう高速道路に入っていった。規定重量を越えていないか確かめるために再度荷物を測らされ、それからパスポートが配られた。俺のパスポートをペラペラめくってみてもシリア政府のビザは見当たらなかった。前回派遣された時はビザがあったのに、どうやら今回はそういう手続きは必要なくなったらしい。

　サービスエリアで休憩し、痺れた脚を伸ばして暖かい物を食べた。ターミナル駅に着くと、われわれは荷物を持って急いで下車し、バスは人目を引かないようにすぐに戻っていった。荷物を下ろしている間に土砂降りがあった。ロシア南部では二月の初めによくあることだ。一〇〇名ほどのいかつい男たちは、ほとんど無人の国際線ターミナルを横切って税関へ向かった。税関の列はゆるゆると進んだ。国境を越えるのは障害物コースを行くのと似ている。税関吏は融通が利かず、一目見て双眼鏡やナイフを取り上げた。我が部隊の特殊性に鑑みて、規則には目を瞑《つむ》ってほしいと食い下がったにもかかわらず。双眼鏡や照準器やナイフが戦闘に生き残るのに不可欠だということなど、役人にはどうでもよかったのだ。規則は誰にとっても同じというわけだ。

「細かい規則にこだわるのは、実に洗練されたサボタージュだ」。こせこせした役人どもに敵意のこもった視線を投げながら、コルドゥーン（魔法使い）が囁《ささや》いた。

押収したナイフを袋に納めている税関吏に背を向け、俺は一か八か、リュックのフラップをさっと閉めてベルトコンベアーに放り投げた。好きにするがいい、だが、俺は自分のナイフを手離さんぞ！　俺は何食わぬ顔で振り向きもせず、パスポート検査へ向かった。

旅行客がほとんど皆無にもかかわらず免税店は営業していた。嬉しい驚きだ。搭乗を待つ間、兵士たちは行きつ戻りつして煙草や酒を買い、隊長の目に触れないように急いでボトルを隠していた。中には、どんな通貨でも通用する店で買い物をするのは生まれて初めてという者たちもいた。傭兵部隊は社会の縮図だ。われわれの大部分は国外へ旅することなど考えたこともなく、パスポートを取得するなんて想像もできない非常に複雑なことだった。ロシアではそうなのだ。多くの者にとって住み慣れた環境の外に出ていくのは快挙に類することで、踏み出すにはとても勇気が要った。

搭乗準備の整ったボーイングは投光機の照明に照らされてクリスマスのおもちゃのよう

だった。機内は何もかもが新しく清潔で、新鮮に思われた。座り心地のよい座席とかわいい客室乗務員のおかげで、束の間とはいえ、遠い国の太陽を求めて休暇に出かける普通の観光客の気分に浸ることができた。機内食もボリュームがあってうまかった。まるで、前線で待ち受ける苦労の前にできるだけの快適さを味わわせてやろうと、「会社」の幹部が考えてくれたみたいだった。座席にゆったりと座りながら俺は苦笑した。楽しむがいい、兄弟たちよ、何日かしたら、岩の裂け目に入って凍える風を避け、ビニルシートで覆った穴の中で悪天候をやり過ごすことになるのだから。

ダマスカスに着くと、税関とパスポート検査を避けて荷物をさっさと取り戻し、待っていたバスにおとなしく乗り込んだ。世界で一番古い都の歴史的遺産を見られるかと楽しみにしていたが、建築物や記念建造物を拝む暇もなく、車列はダマスカスの市街地を迂回していった。われわれが着いた時にはもう夜になっていた。

第26章 ハイヤーン

ハイヤーンの石油とガスの精製施設に隣接した油田の奪還が、天然資源の支配を目指すシリア政府の最初の目標だった。今回は、傭兵部隊専用のチャーター便でシリアへ派遣された。

第一陣の派遣部隊に渡されたのは（どこで手に入れたか知らないが）、韓国製の自動小銃だった。一九四〇年製のモシン・ナガン銃(1)もあった。どうしてこんな貧弱な武器を持たされることになったのか？　もっとましな条件で合意できなかったのは、いったい国防省の誰なのか？　もちろん、傭兵たちは油田を奪還せよという客の注文には従うが、公共の利益のためにイスラム国を撃破して、その主な収入源を断つのではないのか？　とにもかくにも、第一陣に派遣された傭兵たちは適当な火砲支援もなく、韓国製の屑鉄と、申し訳ば

(1) ボルトアクション方式の手動連発軍用銃。

かりの重火器と、不十分な弾薬を携えて出撃していった。

それに比べて、われわれはついていた。われわれがシリアへ着いた時、軍の倉庫には十分な量のまずまずの武器があった。とはいえ、前回の任務の時の質には及ばない。機関銃はペチェネクではなかったし、サディークから貰った戦車や武器は、まるで手入れされていないのでくたびれていた。それでも何とか装備を整えたわれわれは、ラトニクに率いられ作戦地域へ向かって出発した。


高さ一メートル半の盛り土が、隠れ家からしょっちゅう出現する敵の車両上の機関砲やゼニートからわれわれを掩蔽《えんぺい》してくれていた。戦闘は二時間も前から膠着《こうちゃく》状態で、難攻不落の壁に阻まれたようだった。ドゥヒは地雷原の向こうに立て籠もり、手元にあるあらゆる武器で撃ってきたので、こちらは岩陰や窪みに押し返されて、前線で自在に活動することができなかった。

大岩の陰に隠れていたラトニクは、敵の一斉射撃が終わるのを待って慎重に鼻先を出し、状況を判断した。地形を探り、頭の中で可能なシナリオを次々と検討していった。その時、全員の視線が敵陣近くに舞い上がった粘土の大きな土煙に集まった。数秒後に雷鳴のような轟音《ごうおん》が響いた。フガス地雷(2)が爆発したのだ。爆発のあった付近の敵に機関銃で狙いをつけていたモトール（モーター）が顔を上げて「あそこに味方がいたように思う、敵の胸牆《きょう》の手前に」と叫んだ。俺たちは土埃が収まった辺りに動きはないかとしばらく目を凝らしてみたが、敵のゼニートがまた連射を始めたので隠れ場に這い戻らねばならなかった。味方の兵はまだあそこまで達しておらず、ドゥヒが誤ってフガス地雷を炸裂させたのだろうというわずかな希望だけが残った。

状況は味方に不利だった。敵の側面から迂回できず、地面に釘付けになったまま、今の戦線を維持するので精一杯だった。高い位置に立て籠もった敵は有利な立場にあり、敵の反撃でこちら側には大きな犠牲の出る恐れがある。ラトニクはその力関係を逆転させる方法を探していた。ヴァルーン（大岩）はバルダクを砲撃位置に据えていた。バルダクは軽装甲の大型運搬車で動きが鈍く、自動擲弾筒や対空砲を運ぶのに使われる。敵の対戦車ミサイルや大口径砲から逃れるため、一台ずつ順に比較的安全な砲弾の飛んでこない場所に移動し、そこから砲撃を開始した。ブリトイが目標の指示を与え、マドリードが計算を行い、敵のゼニートの通った跡を追跡しながら狙いを修正した。狙撃兵たちは小型の大砲という方がよさそうな銃を構えて仕事に取りかかった。このいつも通りの手筈《てはず》に一つだけ支

（2）地面や岩に穴を掘り、爆薬や砲弾を埋めてつくられた即興の仕掛け地雷。

障があった。まあ、何とかなるが。弾薬が十分でなく、節約しなくてはならなかったのだ。砲弾は敵の要塞内の標的に命中した。それでも敵の砲火はまったく衰えなかった。

少しでも接近しようとすると、たちまち敵の機関銃が火を吹いた。ドゥヒは無敵でこちらは太刀打ちできないように思われてきた。砲弾の破片も衝撃波も敵を押しとどめられない。敵は遮蔽物のないところへ飛び出してきて、機関銃を振りかざし、こちらを嘲笑うかのように撃ってきた。

苦痛で乱れたバイカルの声が無線から響いてきた。「隊長、やられてしまった」。手榴弾の炸裂で負傷したのだった。前回、俺を使用不能にしたのと同じだった。あの時奴は運がよかったが、今度は違った。何週間後かに昏睡状態のまま、ロシアの病院で息を引き取ることになる。少し連絡が途絶えたあと、指揮を引き継いだムラクの頼もしい声が聞こえた。ムラクが順番ではなかったが、沈着さを発揮し、過酷な状況にあっても作戦を遂行する能力があるところを示して、ごく当然のように隊長の責任を引き継いだのだった。ムラクはその任務を全うし、それ以上犠牲者を出さずに部隊を連れ戻して前線に再配置した。俺はたいして驚きもしなかった。前回の任務の折、奴の異常な活発さはみんなをイライラさせたが、それでも危機的状況にはいつも進んで任務を引き受け、銃剣をつけて飛び出していった。この敏捷でたくましい若者が危険を顧みず、乗組員が見捨てた小型トラックまで駆けていき、ゼニートを安全な場所へ移動した時のことを、俺は克明に覚えている。こういう瞬間には各自の奥深くに潜む本性が露わになる。そして、ムラクの場合、それは最高の出来だった。確かに変わったところはあったたし、他人とうまの合わないこともあった。それはとりわけ、如才なさに欠けているのと他人を非難する時の口の悪さのせいだった。それでも、ムラクの長所は、あの勇気と真っ直ぐなところは、欠点のすべてを補って余りあった。

負傷したバイカルを搬送させると、ムラクはすぐさま攻撃隊形の再編成を始めた。この間に、味方の小隊の一つが突破口を開いて前進したものの、敵の激しい攻撃に遭って本隊から切り離され、動けなくなっていた。ムラクは、味方の左翼が予定のコースより大きく外れていて、さっきのフガス地雷の爆発は事故によるものでなく、敵と接触するのが早すぎた小隊が犠牲になったことを確認した。だが、誰が？　何人やられたろう？　あれほど強烈な爆発から逃れられる公算はゼロだ。軍医たちがバイカルを運んで立ち去ると、すぐにムラクが知らせてきた。「コリヤンが死んだ、フガス地雷を踏んだんだ」。敵の最初の防壁にたどりついたコリヤンは、地雷に気付かず手榴弾を投げようと前に跳び出したのだった。爆発で引き裂かれ、ドゥヒの銃撃に弾きとばされ、仲間たちは遺体を回収することもできなかった。人間の命に飢えた戦争は、まず最も勇敢な若者から餌食にする。ベテランの老兵に自分の価値を証明して、兵士と呼ばれる権利を得たいと望む若者たちを。これはコリヤンにとって初めての任務だった。そして、最後の任務にもなった。

戦闘は続いた。傭兵たちは前線で機動力を発揮できなかった。パルミラを占拠した時、イスラム勢は倉庫一杯の武器や弾薬をぶんどっていた。中でも地雷やフガス地雷はふんだんにあった。ガタのきたぽんこつグラートでこちらがやっと敵のゼニートを破壊したと思うと、たちまち代わりのゼニートが出てきた。きわめつきは、ロシア海軍歩兵部隊の移動式砲座付きセミオートマチック砲を敵が持ち出してきたことで、爆音と同時に砲弾が標的に達するくらい速かった。不安を駆り立てる規則正しさで発射の轟音が伝わってきた。砲弾はこちらの要塞の壁にぶち当たったり、弾薬を積み込んだ車両のすぐ近くで爆発したりしたので、もっと遠くの物陰に移動しなければならなかった。ニケの突撃隊の兵たちが塹壕を掘り始めた。かつてロシア正規軍の中佐だったニケは、健全な肉体に健全な精神を宿していて、どんなに緊迫した状況にあっても決していら立ったり動揺したりした様子は見せない。これほど用意周到にめぐらされた防御を正面から攻撃するのは賢明でないし効果もないことは、全員がわかっていた。今日はすでに二名の犠牲者を出していた。ドゥヒはわれわれを寄せ付けず、われわれには対空砲や自走砲に対抗する有効な武器がなかった。すごく動きの速いトラックを狙うのはすでに少ない弾薬の無駄遣いになろう。ラトニクが決断を下した。「ここに隠れて、明日の夜明けに残りの兵員で反対側から侵入しよう。重要なのはすでに確保した前線を放棄せず、明日の作戦に備えることだ」と。

夕暮れが近付き、太陽はたちまち地平線の彼方へ消えようとしていた。日が暮れる前に部隊の再編成を終え、前線支援に向かう兵たちが食糧や弾薬を補給できるよう、昼間通ってきたコースをしっかり記憶しなくてはならなかった。夜には簡単にコースを逸れて地雷を踏んでしまいかねないから。軍医たちのテントに来て寝袋を広げると、俺は食べ物に跳びついた。腹が空腹を訴えていた。今日はこれまで、板チョコを分け合って食べただけで、他には何も手に入らなかったのだ。俺は作戦日誌を開いた。俺の現在のポストはラトニク中隊の参謀長補佐で、地図を見るのと報告書を書き上げるのが一番の仕事だ。本来なら負傷の後遺症で攻撃部隊になど加われないはずなのだが、部隊の管理業務に配属してほしいと志願したのだ。それくらいなら耐えられるのではないかと期待しつつ。ところが初日から、われわれにあてがわれた武器のお粗末さに失望し、自分では認めなかったが、もはやあまり戦闘に行きたくなくなっていた。俺の肉体はすぐに挫《くじ》けた。例えば、今日の一連の出来事でも胸が苦しくなってしまった。

モトールのしゃがれ声が狙撃兵を叱り付けていた。なんて元気なんだ！　あいつが落ち込んでいるところや憂鬱《ゆううつ》になっているところを見たためしがない。いつも大声で冗談を言ったりからかったりしている。悲しそうには見えず、いつも意気盛んだ。ラバのように頑強で、素早くコツをつかみ、どちらに向かって撃てばよいのか、誰を掩護《えんご》すればよいのかを一瞬のうちに理解した。一回目の任務の時だったか、ヌスラ戦線の兵士らがやってくるというのでアサド軍の兵士が一〇〇人ほども逃げ出したのに、モトールと三人の仲間だけで陣地を守り通したことがあった。敵を一晩中寄せ付けず、ドゥヒに包囲されるのを防いだのだった。モトールの愉快そうな声、いつもの皮肉や悪態を聞いているうちに、俺の顔もほころんできた。さあ、落ち込むのはおしまいだ。誰も無理やりお前をここに連れてきたわけじゃないぞ。

第27章 勝利の代償

明け方、われわれは予定通りに出発した。今度は敵の防衛線を遠く東から迂回して、側面から攻撃する。そうすれば地雷原に踏み込む危険を冒さず、敵の一番の強みを奪ってしまえるというわけで、新しい突破作戦の開始場所へ向かっていた。そこにはムラクの小隊が先に来て待っていた。先行してドゥヒの守りを探っていたのだ。

突然すぐ近くから機関銃の一斉射撃が響き、俺とラトニクのすぐそばの地面に銃弾が跳ね返った。

「えい、くそっ」。ラトニクが叫んだ。「駆け足だ！ 頂《いただき》の向こうへ！」

全員が一斉に丘の反対側の斜面を目指して走り出した。われわれが着いたのは、何日か前にサタナーの小隊がイスラム勢と交戦した場所だった。敵は奇襲攻撃をしかけて丘の上の陣地からサタナーたちを追い払うつもりだったらしいが、イスラム国の戦闘員を恐れてパニックに陥るシリア兵相手には朝飯前のことでも、われわれ相手にはそうはいかない。

サタナーたちは迫撃砲の一斉射撃に手榴弾や自動小銃の連射も交えて応酬した。その結果、斜面のあちこちに敵の死体が横たわっていた。四〇人くらいはいるだろう、若いのも年寄りもいる。近くを通りかかるとサタナーが五人の死体を指してみせた。いずれも死んだ時のままの格好で固くなっている。奇妙な取り合わせだ。一人は一四歳くらいの少年で年輩の男に抱きついていた。少年は放出品のタクティカルベストを身につけ、ベストのポケットから自動小銃の金属製マガジンが覗いている。自動小銃は傭兵が持ち去ったようだ。サタナーは父子だと言った。すこし離れて三人の戦闘員が倒れていた。いかつい体つきの大人で、上等のミリタリージャケットと着心地のよさそうなタクティカルベストをつけている。どうやら、この三人は臆面もなく他の戦闘員を盾にして隠れていたらしい。それでも助かりはしなかったが。

太陽はすでに高く昇って暑くなり始めていた。兵士たちは足元と前方の地面に目を凝らしながらゆっくり進んでいった。一歩ずつ敵の要塞に近付いていく。われわれは二手に分かれて前進した。一つはムラクの、もう一つはベスパリーイ（指なし）の率いる部隊だ。サタナーの斥候隊は右手にある小さな山脈の斜面を登っていった。敵の部隊を完全に包囲してやろうというわけだ。斥候たちは気付かれずに要塞に達した。油断していた敵兵三人が至近距離から撃ち倒され、助けを呼ぶこともできなかった。そこから先へさらに前進を続けながら、抵抗もなく次から次と敵の防衛線を突破していった。包囲されるのを恐れたドゥヒは退却していった。その間に別コースから昨日の要塞にたどりつこうとしていたムラクは、ぴたりと足を止めた。一行が通ろうとしていた道に地雷が埋まっているのを、先頭の見張りが見つけたのだ。兵士たちは縦一列に伏せ、地雷処理班が仕事を始めた。手早く、長い棒に結び付けられた爆薬を用心して抜き出し、巻きついている導線に火をつけた。火花が雷管のカプセルに達するや爆音が轟《とどろ》いた。破片が四散したが誰にも当たらず、道は通れるようになった。

敵が退却してわれわれが要塞の中を前進していくにつれて、どうして敵が無敵に思われたのか、その理由がだんだんわかってきた。実際には、死体を引きずった跡や血痕からわかるように、敵も大いに犠牲を出していたのであるが、戦闘員が倒れるたびに別の戦闘員がそれに代わり、われわれを寄せ付けまいと撃ち続けていたのだ。イスラム国の戦闘員は意志強固で死ぬ覚悟のできた危険な敵だった。

またしても地雷が爆発した。続いてまた爆発。専門家が巧妙に隠したフガス地雷によって、まず兵士が一人吹き飛ばされ、次いで、部隊の中央にいた兵士が足首から先を吹き飛ばされた。犠牲が止まらない。味方の勝利は高くついた。二度目の爆発のあと、命令が下った。「全員、止まれ。これからは地雷処理班の通ったあとを行く」。どこもかしこも地雷が敷きつめられていた。地雷処理班は可能ならば地雷を無力化した。そうでない場合には爆発させた。この地味な仕事人たちは人命を救うために自らを犠牲にした。一人の地雷処理係の遺骸がベースキャンプに運ばれてきた時の光景が、俺の記憶に永遠に刻み付けられている。片手と装備の一部しか回収することができなかった。

　地雷処理が進むにつれ、敵の要塞から武器や弾薬などの戦利品がぞくぞく手に入った。中国製の機関銃に混じり、ぴかぴかの真新しいソ連製ＰＫ[1]が見つかった。敵がどうやって入手したか、考え込むには及ばない。シリア軍が慌てふためいてパルミラから逃げ出した時に手に入れたのだ。それがわれわれを狙うのに使われた。

　ラトニクの命令で俺は今朝の出発地点に戻ってきた。ようやく見つかったコリヤンの遺体を運んでいく車を待つためである。コリヤンと同じく新米で、やはりフガス地雷を踏んだゼマの遺体もビニルシートに包まれていた。こうしたことに意味はあるのだろうか？二人の若者が祖国から遠く離れた土地で無駄死にしたとは思いたくない。だが、ロシアという国は、世界中の強欲な小国の王様の利益を守るために息子たちを犠牲にすることがしばしばある。コリヤンの遺体はウラルから下ろされ、通常の手続き通りに検査が始まった。ポケットに入っていた私物のリストを作成しなければならない。半分焼けた紙幣、硬貨、小さな飾り物、硬貨代わりになるトークン、正教会の十字架が「カーゴ二〇〇[2]」でロシアへ送るために袋へ入れられた。

　二つの遺体を検査して遺体袋に納め終わると、俺はガスコンロで紅茶を沸かして飯を食った。戦争で感情は鈍磨するが、空腹は決してそうならない。


　戦闘は終わっていなかった。敵は陣地を放棄して山あり谷ありの砂漠へ退却していたが、実はすぐ近くに潜んでいて、われわれはそれを思い知るはめになった。ムラクの率いる小隊があと少しで要塞の端にある山頂にたどりつこうとした時、突風に混じってこだまのような音が聞こえた。馬力のある車のエンジン音みたいだったが、何なのかはっきりとわからなかった。少し怪しみながらも兵士たちは前進を続けた。疲れがまさり警戒が緩んだ。誰もが一刻も早く着いて休みたかったから。

　爆発が兵士たちを四方八方へ吹き飛ばした。砂漠を全速力で逃げ出す戦車に向けて報復の砲弾が放たれたが、遅すぎた。ほとんどが重傷の怪我人を大急ぎで搬送するのにこちら

（1）カラシニコフ機関銃。
（2）遺骸〔またはその棺〕を意味する軍隊用語。遺体を入れた亜鉛の棺の重さが二〇〇キロであることから。

は大わらわだった。副え木を当てたり内臓を包帯で固定したりした。交替で点滴を持ち、カマーズに積み込んだ。今回、死神がオセチアのザークの命を奪っていった。切り裂かれた体は生にしがみ付けなかった。兄弟よ、神の国の門へ行け。君の場所は天国にある。

日は傾いてきた。傭兵は自分たちの射撃陣地を補強し、寒くて雨の降ることもある夜に備えてシェルターを作った。春の初めだが、暖かくなるのはまだ先のことだった。

第28章 医者

マヌークは負傷がもとでシリアの病院で亡くなった。気のいい大男で、戦場で大勢の命を救ってきたが、今度ばかりは自分が榴散弾《シュラプネル》の雨を浴びてしまった。ドゥヒから奪い取ったばかりの山頂にたどりついた時のことだった。マヌークは、ラタキアの森に覆われた山間の隘路《あいろ》やパルミアの砂漠の乾いた断崖をわれわれとともに越えてきた。戦闘にあってはいつでも傭兵と同じくらい身を危険にさらし、進んで救急用具の鞄を傍らに怪我人に屈み込み、死から救ったり苦痛を和らげたりしてやった。

戦場での医療の暗黙の掟に身も心も捧げながら、自らが普遍と考える鉄則を信奉していた。すなわち、その場でただちに救急処置を施す人間の職業意識が、たとえ重傷の場合であっても生存の鍵を握る、ということを。

先のシリア派遣の時、俺はよくマヌークと同じ部隊となり、この穏やかな大男が傷口に包帯を巻き、負傷兵の搬送を指揮するのを眺めてきた。本当を言うと、マヌークの仕事は衛生兵なのだが、その知識や能力ははるかにそれを凌駕し軍医のレベルに達していた。その看護のおかげで俺たちは手遅れにならずに生きて病院へ送り届けられたのだ。

昔から、戦死の大半は応急処置が遅すぎたか適切に施されなかったことが原因と知られている。それを減らすためにマヌークは全力を尽くしていた。俺たちはよく短い言葉を交わし合った。休憩の時には火のそばで、スパイス入りのシリアコーヒーを飲みながら。戦闘の時には敵の弾丸を避けながら。マヌークは誰にも腹を立てることはなかった。時どき自分の意見を述べるのに語気を荒げることはあったかもしれないが、決して喧嘩をすることはなかった。

他の仲間と同様、戦闘に向かうのを恐がってはいなかった。それで思い出すのはマヌークが衛生兵のアンドリューハを叱り付けた時のことだ。それは、アンドリューハが拳銃一丁で砲撃の雨の中を敵の前線へ突進したからだった。あるいは、テラペフト（セラピスト）が遮蔽物もない場所を砲弾の落下地点へ駆け付けたこともあった。みんな文句なしに真の戦士だった。

第29章 移転

その日は引っ越しに充てられた。われわれの部隊はハイヤーンの工場に移転になったのだ。そこはわれわれ自身の手で奪い返した施設で、以後長らくシリアの地におけるわれわれの「家」となった。この工場を砦《とりで》にするのには重要な戦略的意味があった。解放したばかりの近隣の油田地帯を確保することだ。工場には快適な設備が揃っていた。立派な社員食堂をはじめ、社員住宅のそばにはプールまであった。工場が砂漠の真ん中にあって孤立していることも魅力だった。ロシア駐屯軍の司令部やシリア政府から離れていて、少し忘れさせてくれるから。地元住民もまた、傭兵部隊のベースキャンプの中で何が起こっているのか、知る必要はなかった。ただ一つの悩みは、倒れた煙突から巨大な炎が絶えず唸りを上げていることで、離陸する飛行機のエンジンの爆音みたいだった。だが、騒音にも噴き上げる火炎にもすぐに慣れて忘れてしまった。

われわれはテントを畳み、所持品を片付け、弾薬箱で作ったシャワールームを解体した。

引っ越しに使える車両は多くなかったので、何度も往復しなくてはならなかった（それで夜明けまでかかった）。俺が司令部のテントを出ると、オンボロのウラルが近付いてくるのが見えた。が、どうしてか、トラックはまっすぐこちらへ向かわず、カーブを切って無線係たちのテントの前にしばらく止まってから、俺の前に来て駐車した。俺は運転手のシャヒードと敬礼を交わしたあと、回り道をした理由を訊ねた。たいした意味もなく訊いたのだが、相手は答えを用意してきたみたいにすぐ言い返した。

「なんですか、俺があそこまで、負傷した無線係の荷物を担いでいってやらなきゃならないってんですか？　あいつのリュックを置いてきただけですよ、途中だったたから」

「誰も咎《とが》めてやしないよ。いいことをした。もちろん、重いリュックをあそこまで引きずっていく理由はないからな」

俺はそれ以上話を続けたくなかったので、司令部の大きなテントを目指して歩き出した。出会う奴は誰も彼もおかしかった。何を言っても悪くとって、何か咎められるんじゃないかと絶えず気にしている。こちらの言うことを理解しようとせず、言葉尻をとらえて、鎖につながれた番犬みたいに突っかかってくる。全員がこうなのだろうか？　俺もそんなふうになっているのだろうか？　注意しなくては……。俺は司令部へ急ぐために近道をした。夜の迫るのは早く、宿営地の小径《こみち》は夕闇にほとんど視界が利かず、危険が一杯で、懐中電灯がなければ本当に怪我をしそうだった。俺は最後に小さな盛り土を乗り越え、平坦な道路に出た。司令部はすぐそこだ。その時、俺は呆然と立ち尽くした。遠く前方のパルミラの上空辺りで、稲妻が夜空を切り裂いていた。稲妻はさまざまな色と強さできらめいていた。この多彩な大パノラマは北極のオーロラみたいだったが、優雅に色合いが移り変わる光ではなく、次から次と光のダンスがぱっと花咲いては夜空を照らし出していた。とはいえ、報告に行かねばならない時刻なので、俺はこの自然の驚異からしぶしぶ目を離し、照明を落としたテントの中へ入っていった。

司令部はほとんど空っぽだった。参謀部はすでに引っ越して、あとはテントを畳むだけだった。テーブルについてトランプを弄《もてあそ》んでいたブロンディーンは不機嫌そうで、握手の手も差し出さなかった。ブロンディーンの役職には面倒ごとが絶えなかった。ロシア駐屯軍司令部が上からの命令で、傭兵部隊に対して強い態度で弾薬の補給を制限していたのだ。今回も前回の作戦と同様、目標達成のためにはわれわれ傭兵が必要だったにもかかわらず。砲弾や手榴弾の不足でわれわれは不利になっていた。そのことをブロンディーンはよくわかっていたが、今回の傭兵たちが訓練不十分であることも知っていた。一方、傭兵部隊に油田地帯の奪還を任せたシリア側は、急いで契約義務を果たす様子もなく油田を手に入れていた。公式、非公式にかかわらずさまざまなレベルで、あらゆる手段を用いて、われわれの取り分は減らされていた。

オリエントにはオリエントのルールがある。合意を遵守するというルールはここでは行きわたっておらず、むしろ弱さのしるしと見られているようだった。ブロンディーンはこうした問題の板挟みになって疲れ果てていた。だから、俺は無礼な態度にも腹を立てず、兵員の配置と人数について報告を済ますと出口へ向かった。だが、ブロンディーン（みんなは陰でＶＶ〔ロシア国家親衛隊〕と呼んでいた）が呼び止め、出し抜けに、お前の勝手なふるまいについて説明しろと言った。奴の得た情報では、ムラクが小隊長になれるように後押ししたのは俺だということになっていた。以前の部下を小隊長に任命するようにラトニクを説得したのは俺で、それにはもちろんタダじゃなく、賄賂のやり取りがあったというのだ。ご丁寧にも、ムラクは勲章まで約束されたという。ブロンディーンはこの情報を俺に確認したのではない、いきなり俺を告発したのだ。俺は飛びかかっていきたいのをこらえて静かに答えた。

「ムラクは指揮官が倒れた危急の時に隊を率いたのですよ。そういう状況では自分が最も優秀で、その責任を果たすのにふさわしいと証明したのです。勲章がどうとかについては、国が公式に俺たちに与えないようにしているのは周知のことです。そんな空約束に騙されるような者は一人もいません」

　ブロンディーンは俺の答えを聞くと、行っていいと合図した。そのことはあとでまた話そう、とでもいうように。話を続けても意味がないと思ったので、俺は踵《きびす》を返して外に出てきた。残念ながら、傭兵部隊では噂や告げ口が詳しく調査されることはなかった。幹部は最初に聞いたことをそのまま鵜呑みにして、誹謗中傷なのか本当に規則違反があったのか、明らかにしようとはしなかった。誰かがブロンディーンか他の幹部へ悪意をもってムラクのことを話したのに違いない。そして、それが公式見解となったのだ。誰もそれを確認しなかった。

　ラトニクが「会社」で特別な地位を占めていたのも本当だ。一部の「上司」（指揮官とは呼びたくない連中を傭兵同士でそう呼んでいた）にとって、ラトニクは目障りな存在だった。その軍人としてのプロ意識、戦闘士官としての優秀さは、愛想のよさそうな上辺のうちに嫉妬の念を呼び覚まさずにはおかなかった。そして、俺までも面倒なことになってしまった。セルビア人ヴォルクとのいざこざや俺の思いがけない昇進のことを思い出したのかもしれない。えい、いまいましい！　俺は大きく深呼吸して気分を落ち着けた。はらわたが煮えくり返り、引き返してブロンディーンにぶちまけてやりたいと思ったが、良識がまさった。ラトニクも分別があるから、幹部との衝突を避けてムラクを指揮官から解任することになるだろう。ラトニクは対立を回避し、仕事のためによい関係を維持することには努力を惜しまない。人の心をよく知っていた。

俺はもう一度空を見上げた。光の祭典はまだ何時間か続いていた。何と不思議な国なのか！　古代都市に昔の城砦、驚異の自然現象、はっとするほど美しい山並みや砂漠！　耕地は年に二度の収穫に恵まれ、果樹園は生い茂り、オリーブの林は木陰を落としている。石油や天然ガスは言うまでもない。なのに、何と惨めな暮らしぶりなのだ！

自分の部隊へ戻ってきても、俺の機嫌は直らなかった。俺のいない間、引っ越しに携わっていた兵士たちは互いに文句を言い合っていた。興奮していつものごとく小さな喧嘩が絶えなかった。ベースキャンプは捌《は》け口みたいなものだ。ここにいると気持ちが解放されて、つまらぬことで言い合いが始まる。が、朝になると何もなかったように握手を交わす。反対に、前線では対立は許されない。言い争いが起こっても、全員が戦闘にかかりきりで喧嘩をしている暇はない。

第30章 ふたたびパルミラへ

そして、ふたたびパルミラへ。三月の初め。一年前と同じく、シリア軍がすごすごと敵に明け渡したパルミラ解放の責務の大半は、傭兵部隊の肩にかかっていた。驚くにはあたらない。パルミラ防衛にあたっていたのは雑多な寄せ集めの部隊と訓練も不十分な兵からなるシリア軍で、戦う意志などまるでなく、立派な金星や階級章をつけていてもまったく無能で高慢で強欲な素人たちに率いられていたのだから。ロシアの軍事顧問もそれに我慢しなくてはならなかった。シリア軍の構造を変革するまでの権限はなかったし、何よりも自分たち自身、イスラム国のパルミラ攻撃を防ぎ切れなかったのだから。

イスラム国の戦闘員はいつものやり方で攻勢を開始した。爆薬を満載した車を放ってシリア兵らを恐慌に陥れたのである。守りの兵士の大半は抵抗の素振りも見せずに逃げ出した。戦闘員はトラックに乗って砂漠を逃げまどうシリア兵の群れを追い回した。嘆かわしいことだが、パルミラにいたロシア駐屯軍の部隊も褒められたものではなかった。自分たちの武器庫を破壊しようともせずに放棄して、後方基地へ大急ぎで退却したのだから。あとから、この恥ずべき敗北の噂が世界中に広まるのをどうにか取り繕おうと、立派な伝説が作り上げられた。完全武装したイスラム国の戦闘員四〇〇〇名を前に、勇敢なるシリア軍は陣地の一片まで守って雄々しく戦いはしたものの、ついに後退を余儀なくされたというのだ。実際には、当時のイスラム過激派は四方八方から攻め立てられ大幅に人数が減っていた。パルミラに押し寄せたのはせいぜい四、五〇〇名だったろう。だが、プロパガンダは屈辱的な敗北を英雄的な勝利に変えてくれた。

ロシア軍司令部は、同盟軍の戦闘力をもはや当てにせず、無駄な努力を繰り返さぬように、パルミラ奪還には前年と同じ作戦に訴えることにした。つまり、傭兵部隊が再び攻撃の主力を担って、南の山頂を占領することになったのだ。片やシリア軍は、道路沿いにパルミラ郊外へ進撃することとなった。次いで、傭兵部隊が敵の側面から「雪崩を打って」襲いかかり、飛行場を奪取してドゥヒの退路を断つ。そうすれば、敵は町を捨て、はるか北のイラクの方へ退却せざるをえなくなるだろう、とロシアの将軍らは踏んでいた。

傭兵部隊はイスラム国の脆弱な防衛線を撃破しながらパルミラ郊外に近付き、総攻撃に備えた。われわれはニケとイノストラネツが岩山の尾根から戻ってくるのを待っていた。常に冷静で思慮深いニケと行動的なイノストラネツとは、互いに反対の性格を補い合っていた。それに、二人とも死を身近に経験してきていた。道路を前進してくるサディークの部隊を掩護《えんご》するため、前日、二人はそれぞれの小隊を率いて尾根に上っていき、寒い岩場で風雨にさらされて一夜を明かしたあと、飢えてかりかりしている兵士たちを率いて古代都市を抜け、パルミラの郊外へ向かって山を下ってきた。前方には、今は無人となったビルが建ち並んでいる。周囲を高いレンガ塀に囲まれ、敵の支配下にある倉庫には弾薬が溢れていた。傭兵たちが現れると、すかさず屋上から機関銃を撃ってきた。傭兵たちは本気で怒っていたし、山道を歩き、眠れぬ夜を過ごしたあとで疲れていた。たとえ一時間でもいいから屋根の下で温まって一息つきたいと願っていた。だから、ドゥヒの陣取ったビルのある一角に向かい、どんどん足を早めて進んでいった。敵の銃撃に機関銃と自動擲弾筒《てきだんとう》で応戦する。さらにニケとイノストラネッツの誘導で、こちら側からもグロム（雷鳴）がロケット弾を撃ち込んだ。かくも果敢な攻撃に抗し切れず、敵はトラックに駆け込み、重すぎる機関銃を屋上に残したまま、町の方へ逃げていった。

われわれ本隊がそのビルにたどりつくまでの間、イノストラネッツの斥候隊とニケの突撃隊は休憩して服を乾かすことができたのだった。とはいえ、無駄な時間はない。上からはただちに攻撃するように言われている。これ以後の決断はすべて与えられた時間内にあたふたと下されることになった。

重い武器や弾薬を背負い、悪態をつきながら、われわれは果樹園の東を迂回して、飛行場へ向けて隊列を組んで進んでいた。突然、部隊の右翼に車両が二台現れ、全速力でこちらへ向かって突進してきた。敵の車に違いない。われわれを掩護する戦車が轟音《ごうおん》を上げて発砲した。外れた。二発目。またしくじった。動く標的に当てるのは難しい、特に、とうの昔に使用期限を過ぎ老朽化した兵器では。その時突然、誰かが無線で発砲を止めるように言ってきた。それは最近、政府側に寝返った敵側の頭目だった。そんな奴がシリア軍の作戦地域から遠く離れた場所で何をしているのか、そいつの不可解な活動についてなぜわれわれは知らされていなかったのか、誰もそんなことは気にかけなかった。それにしても、狙いを外したのは残念だった。その汚い野郎には、ロシア人に殺される前に手下たちを逃がすための通行許可証があったに違いない！

目的地に着いたわれわれは、そこでまたも思わぬ遭遇をした。前方それほど遠くないところ（四〇〇メートルくらいか）から、黒とベージュのコートの男たちが二〇人ほど、武器を手に飛行場へ向かって走ってきたのだ。われわれはすぐさま発砲した。人影は倒れた仲間を抱き起こして足を早める。そこにまたしても無線から通訳の声が「こちらの味方だ！」。俺たちは何が何やらわからなくなった。いったいどこからこいつらは湧いてくるのか、どうして脱走してくるのか？　それを考えている間に脱走兵の一群は消えてしまった。またメッセージが届く。「いや、間違った、味方じゃなくて過激派だった」。その時、俺たちにはわかった。こちら側についたさまざまな頭目の要請で、シリア軍はイスラム国の戦闘員がロシア傭兵部隊から逃れられるように立ち回っていたのだ。というのも、われわれ相手には合意も話し合いもなかったからだ。この戦争では、われわれはいないも同然の存在だったから、なおさらである。

まだ飛行場まで四キロ近くあった。建物はもちろん、隠れ場所になりそうなところをくまなく調べながら、われわれは前進した。ニケ、ムラク、イノストラネッツに細かく指示を与えながら歩いていたラトニクが、いきなり「今度は誰なんだ?」と叫んだ。後方にシリア軍が詰めているものと思っていたわれわれは、エンジン音のせいで、戦車三両と歩兵部隊用戦闘車両五台からなる隊列が右翼に出現したのに気付いていなかった。みんな政府軍の制服を着けた兵士だった。無線係グノムのおかげで理由がわかった。われわれの左側を進んでいたサディークの部隊が、進行方向にドゥヒがいて攻撃しようとしているのに気付いた。いかん、逃げよう! 指揮官はただちに傭兵部隊の右側へ移動することに決めた。部隊ごと何食わぬ顔をして危険の少ない位置へ逃げ出し、ロシアの軍事顧問団の中に混じったのだった。顧問団はそれを見ても口出ししようとはしなかった。シリア軍が当初の作戦計画通りに動くかどうか、何の保証もなかったので、われわれは、左翼や後方で何が起こっているかの情報もなしに行動しなくてはならなくなった。

どんどん草木の奥深くへ入り込みながら、われわれは少しずつ目標に近付いていた。思う存分密生したオリーブの葉叢《はむら》で視界が遮られ、灌漑用水路や土地の起伏で進むのに苦労した。散在する小屋や建物のほかにも、葉陰に隠れた地下壕や隠れ家に出くわした。

移動救護所と搬出手段を兼ねていた装甲車が溝を乗り越えようとして、突然、地中に沈んだ。左のキャタピラが破損したのは間違いない。木造の避難壕のようなところへめり込んだのだ。片側がはまり、完全に動けなくなってしまった。テラペフトの指示で衛生兵たちが引き出すために土を掘り始めた。

やがて、われわれは飛行場のフェンスにたどりついた。不思議なことに、あれだけの破壊に遭いながらフェンスはまったく無傷だった。傭兵部隊の右隣には同盟軍の「漂流」部隊が布陣した。ただちにシリア兵は飛行場へ砲撃を開始した。格納庫や建物に向けて闇雲に砲弾の雨を降らせる。お返しに擲弾が一発飛んできて、何度も回転しながら先頭車両を外れて不発で落下した。サディークは急いで離れたところへ後退し、蝿のように装甲車に貼りついたまま、また無秩序に砲撃を始めた。車から下りて徒歩で進撃しようという考えには至らなかった。

イノストラネツの斥候隊はフェンスのそばに伏せ、パワーショベルで盛られた胸牆《きょうしょう》の陰に隠れたイスラム国の戦闘員と銃撃を交わしていた。ラトニクは前進の命令を急がなかった。同盟シリア軍やロシア軍司令部から届く無線連絡は呆れるほど不正確で、状況が混沌としていたからだ。ニケとムラクもそれぞれの部隊を飛行場のフェンスに沿って展開していた。それでもラトニクは慌てなかった。左翼や後方がどうなっているかわからない以上、滑走路や格納庫へ突き進むのをためらっていた。

すでに見たように、われわれの後衛部隊を飛行場まで進めるのは危険だった。といって、弾薬が十分にない状態でこのままさらに前進するのも同じくらい危険をはらんでいた。斥候たちは前線を探りつづけ、それに対して敵は、われわれがフェンスを突破できないように全力で反撃していた。その時、ゴーレッ（山男）の部隊の前方五〇メートルほどのところに、地中から敵の一団が出現した。深い塹壕から素早く飛び出すと、次から次へとイノストラネツのいる右翼へ向かって殺到した。ゴーレッは、最後の一人が飛び出して、敵の列がこちらの前線に沿って伸び切るのを待ってから「撃て！」と叫んだ。至近距離から激しい一斉射撃を見舞われ、敵の半数が倒れて、残りはジグザグに走ったり手近な溝に飛び込んだりしながら、格納庫の脇に並んだ小さな建物の中へ逃げ込んだ。

ドゥヒが全員建物の中へ隠れると、グリバ（塊）の操縦する戦車が火を吹いた。建物が黒煙に包まれた。ところが、敵はたいして動揺した様子もない。かえってロシア人への憎しみを剝き出しにして、銃撃はいっそう激しくなった。不意に、敵が突撃してくるように思われた。一人の兵士が胸墻の上に飛び出し、神は偉大なり《アッラーフ・アクバル》と繰り返しながらこちらへ向かって機関銃を撃ち出した。それはちょうど、イノストラネッツの部隊の機関銃手ガスコネツ（ガスコーニュ人）が射撃位置を変えようとしていた時だった。怒り狂って胸墻の上に仁王立ちになった敵を見て、ガスコネッツは挑戦を受けて立った。命知らずのイスラム戦士とロシアの傭兵は、わずかな距離を置き、互いに相手に狙いをつけて対峙した。一秒で片がついた。銃弾がこめかみをかすり、ガスコネッツは頭を抱えて脇に崩れ落ちた。白い石灰岩を高く盛りあげた胸墻の上の、黒い染みのように見えた敵の体が前に倒れて、命のない両手から銃が離れて滑り落ちていった。

ガスコネッツはコスモポリタンだが、心はロシア人だった。フランス外人部隊で数々の任務を経てから、我が民間軍事会社に加わった。フランスの滞在許可があるので、三銃士の祖国でまともに暮らすこともできたろう。だが、傭兵を募っているという話を耳にすると、急いで契約をした。好人物然とした風貌で人に好かれ、四〇をかなり過ぎた年齢にもかかわらず決してお気に入りの自動小銃を手放さず（かなり重くてかさばるのだが）、常にしかるべき場所にしかるべき時にいるように努めていた。

ラトニクは傭兵たちを飛行場の周囲の茂みへ後退させる決断をした。マドリードに、バンディートの擲弾筒部隊の狙いを修正させ、それと同時に、ヘリコプターを誘導させるためである。嬉しいことに空軍が支援にやってきて、敵の要塞すべてに爆弾の雨を降らせてくれた。それでもニケが移動しようとすると、たちまち敵の塹壕からの銃撃に塞がれて動けなくなった。ドゥヒは粘り強かった。

日が暮れようとしていた。どうしても決断を下さねばならなかった。ラトニクは渋い顔で「くそっ、今日はこれまで、円陣を組んで離れないようにしよう」とぼやいた。ラトニクを知って長いので俺は驚かなかった。少しでも疑いがあったら、動くな、ちょっと深呼吸して、それから落ち着いてよく考えろ、というルールを教えてくれたのはラトニクだった。見るからにラトニクは心配そうだった。部隊の後方と側面がどうなっているか、明確な情報がないことに。それに、びくともしない目の前の陣地は、敵の支配する広大な飛行場の前哨基地にすぎない。このまま前進すれば何の遮蔽物もない平坦な土地に出て、みすみす敵の罠にはまってしまいかねない。

部隊全員が動き出した。茂みの中に安全な野営地を確保するために手分けして働いた。ちょっとした騒ぎもあったが、それは致しかたない。よくわかっていなかったり、話を聞いていなかったり、自分の考えを伝えるのが下手くそだったり。結局、われわれは長らく打ち捨てられていた大農場の敷地内に落ち着いた。大きな果樹園やプランテーションもある。荒れ果てた母屋や離れの建物には部隊の一部しか収容できなかったので、残りの兵隊は小さな塹壕を掘ったり盛り土をしたりして雨露をしのいだ。俺は自分の寝場所を整えた。俺の頭脳は長い一日の肉体的疲労ですっからかんになってスムーズに働かない。こいつは実に危険な徴候だ。俺はまだこれほどの負担に耐えられなかった。俺の肉体は何キロも歩いたり戦闘のストレスに耐えたりできるほどには回復していなかった。今の俺は指揮官としてゼロだ。絶対に休息が必要だった。

月明かりもない夜だった。空は雲に覆われ、嫌な霧雨が降り始めた。水の貯えは底をつき、わずかな食糧もとうの昔に食べ終えていた。眼前には長い時間が横たわっていた。寝心地もひどいもので、なおのこと疲れる夜になった。歩哨だけでなく全員が寝たり起きたりの夜を過ごした。寒さに凍えて、誰もが日が昇るのを待ちわびていた。

夜明けに、水と食糧と、なくてはならぬ弾薬を積んだ車両が一台、放置されてジャングルのように茂った果樹園を迂回しながらこちらへ向かってきた。それでわれわれは元気付き、朝の陽射しに体も少し温められて、戦闘準備を整えた。

部隊は出撃の合図を待っていた。迫撃砲隊は、前日突き止めておいた敵の砲兵陣地を徹底的に叩いていた。迫撃砲が終わると代わって戦車が一斉砲撃を始めたので、耳鳴りがした。間を置かず自動擲弾筒も唸りを上げ始めた。格納庫の間にあった弾薬庫に命中して炎が上がり爆発した。工兵が飛行場のフェンスに作っておいた破れ目から、ニケの部隊が飛び込む。戦車がさらに通り道を二つ開けて、そこからムラクの斥候隊が突入する。傭兵たちがどっと飛行場へ雪崩れ込んでいった。ちょうどその頃、町の方でも事態が急変していた。ロシア特殊部隊の支援を受け、ホムス街道から攻勢をかけていたシリア軍がようやく敵の城砦へ向けて前進し、パルミラ郊外にたどりついていたのだ。ドゥヒは包囲されるのを恐れ、戦闘を避けてすぐに退却したので、ほどなく飛行場一帯はロシア傭兵部隊の支配下に落ちた。

これは、われわれの血と汗を代償に勝ち得たものだった。派手なアメリカ製ジープに乗ってムハーバラートの連中がどこからともなく現れ、ずうずうしくも飛行場の敷地内へ入ろうとしたが、われわれはすげなく拒絶した。「とっとと消え失せろ！」と。結局、前日われわれの左翼から右翼へ逃げ出した間抜けどもをラトニクは中へ入れてやったが、それは、同行していたロシア軍の大佐が「心に染みいる叡智」で取りなしてやったからだ。いわく、勝者は心が広くなくてはならないと。

ドゥヒは遠くまで退却したわけではない、尾根のすぐ向こう側までだった。シリア正規軍兵士とは違い、恐慌を来たして一目散に逃げ出すような習慣はなかったので、やがて、準備しておいた隠れ家から飛行場へ向けて砲撃を開始した。いくつもの大砲が同時に火を吹き始めた。最初の砲弾は、斥候たちが木陰に休んでいたユーカリの大木に当たった。監視哨がいっせいに、飛行場の端から端まで血眼になって敵の陣地を探しまわった。見張りの指示に基づき、ブリトイとバンディートの砲兵隊が擲弾筒を展開する。まもなくそれに、俺たちより強力な銃やミサイルを持っているシリア軍が加わった。

その時、軽装甲車に分乗してフェンスの破れ目を越え、ロシア特殊部隊の兵士が滑走路に突進してきた。ちなみに、われわれが前線で出会ったロシア陸軍の兵士はそれだけだ。とはいえ、俺はかなりの好意をもって眺めていた。がっちりしてエネルギッシュで尊大なところなどこれっぽっちもない（傭兵に対してコワモテで通せると思ったら大間違いだ）。ロシア特殊部隊（ＳＳＯ）のコマンドは、ロシアの地に偉大な英雄たちがまだ残っているという歴とした証拠だった。半時間後、特殊部隊の対戦車砲が、ドゥヒの陣地間を全速力で駆けめぐるトラックを破壊した。続いてヘリコプターが現れて、頭上をメリーゴーラウンドのように旋回し、二機で編隊を組んで休みなく交替しながら、コマンドの示す標的に向かって正確にミサイルの雨を降らせていった。

絶え間なくブンブンと唸りを上げるヘリコプターのエンジン音、間隔をおいて轟《とどろ》く砲声やミサイル発射音。それらが三時間ばかり続いた頃、ようやくこの示威行動の理由が明らかになった。随員が滑走路に現れ、特殊部隊のコマンドに護衛されながら、得意満面の司令官が、焼けただれた戦車だらけの格納庫の間を歩きまわった。戦車の一部はつい最近までドゥヒが使っていたもので、残りは部品を利用するためにとっておかれたものだ。将軍は報告のための短いビデオを撮影すると帰っていった。われわれの間を歩きまわっていた間、努めて将軍はわれわれを目にとめないようにしていた。俺たちの制服に階級章がないのを見れば、シリア軍兵士でもロシア軍人でもないのは一目瞭然だろう。こちらを無視することで、俺たちについて何も知りたくはないこと、なかんずく、いかなる事情があろうと、飛行場を奪い返したのがきわめて優秀なロシア軍顧問に率いられたシリア軍の高貴な戦士たちではなくて、俺たちだと認めるつもりのないことを、はっきりと示していた。上層部への報告書には、パルミラ奪還での傭兵部隊の役割は取るに足らない、作戦の流れには影響を及ぼさないものだったと記すつもりだろう。司令官によれば、俺たちは危うく後方から眺めているだけだったということになるのだろう。

さて、後衛として郊外に残してきたベスパリーイの小隊を一刻も早く交替させてやらねばならなかったが、司令部が約束したシリア軍の部隊は一向に交替にやってくる気配はなかった。ラトニクは俺を乗せて司令部へ向かった。

道路は古代都市を横切っていた。俺は車を降りて遺跡に足を踏み入れてみた。偉大なる過去の名残に俺は言葉を失った。当時の人々は、パワーショベルもクレーンもなしに、どうやってこのようなものを築くことができたのだろう？　今日この土地に住むアラブ人の先人たちは、いかにしてこんな力業を成し遂げたのだろう？　先人であって先祖ではない。砂漠の中に荒廃してゴミの散らばった小さな町をいくつか建設しただけの住人たちが、その後継者とは、とても考えられなかった。それに、一般に、アラブ人は古代文明の優れた遺跡に無関心だった。すべてはイスラムの到来とともに始まり、それ以前には無知とけがれしかなかったとする考えが広く行きわたっていたから。イスラム国は無関心を通り越して目の敵にし、文化遺産を積極的に破壊しただけなのだ。

前年に古代都市を訪れたことのあるラトニクは、イスラム国が支配してからどう変わったかを知っていて、円形劇場の一部が壊されたところや、パルミラの象徴である凱旋門が建っていた場所を教えてくれた。古い淡紅色の石材、モザイク模様で飾られた壁面、壁や列柱の浅浮彫には、感嘆を禁じえなかった。こうした作品に手を上げて破壊することができるのは狂人だけだろう。過激派が立て籠もっていた砦の壁は、われわれの攻撃の間も大口径の砲弾にびくともしなかった。この古代都市が築かれた当時は、現代の大砲の破壊力など想像もつかなかったろうに、人々は何世紀もの年月に耐えつづけるものを建造したのだ。完成したのはまさに要塞の傑作だった。

ロシア人軍事顧問団の司令部は、美しいフェンスに囲まれた裕福な館の広大な地所にあった。顧問団は、一時しのぎの宿舎というよりサナトリウムを思わせる快適な母屋の中に居を構えていた。将校たちとの会見は短かったが多くを知ることができた。司令部の大佐はこちらの要求する交替要員は送れないとはっきり認めた。配下にある部隊から十分な兵員を集められなかったのだ。兵士の半分は逃げ出してしまったという。何と勇ましい軍隊なのだ、大統領に揺るぎない信頼を寄せている国民なのだ！　大佐はわれわれにコーヒーを出し、自分の人生を語って聞かせた。その話からわかったのは、作戦地域での一カ月分の俸給に相当する賄賂をはたいてこの任務を手に入れたということだった。大佐はシリア赴任を将来への有益な投資と考えていた。ボーナスも金になる恩典も手に入るだろう。戦闘員という資格で多くの手当てや補償を貰えるだろう。それだけではない、戦場に赴いたという経歴は、公務員として将来の出世の切り札になるに違いない。この大佐はいつの日か将軍になるかもしれない。だが、回想録の中では、自分が将軍の金モールと栄えある勲章を金で買ったことは黙っているだろう。代わりに、一兵士として祖国の呼びかけに応じて、世界各地のきわめて危険な土地で自分の義務を果たすため、何も考えもせず出かけていったと書くことだろう。

交替要員は翌日やってきた。ロシア製のがたがたトラックの荷台に分乗して、リュックやマットレスやその他のガラクタに混じり、制服姿で武装した男たちがいた。一台のウラルの荷台にはテントが張られ、そこから煙突が突き出て湯気が立ち上っていた。荷下ろしが始まると、擲弾筒二挺を有するシリア兵らが、弾薬よりマットレスやガスボンベや食器類を優先して持ってきたことがわかったので、同行してきたロシア人顧問の罵りは止まなかった。一兵卒から大統領まですべてのシリア人を槍玉に挙げ、バカだのサルだのと腹立ちは収まらない。迎えの車両に乗り込みながら傭兵たちは笑っていたが、シリア正規軍に対する軽蔑の念を強めただけだった。こんな部下がいたらやってられないことは、よくわかっていたから。

デリゾールを経由してイラクへ向かう敵の退路を断った飛行場の占領は、パルミラ奪還への転換点となった。傭兵たちは決して何もせず見ていたわけではない。だが、軍の公式報告書や新聞の第一面やテレビニュースでは何も報じられないだろう。シリアの内戦にロシア傭兵部隊が参加していることはかなり以前から公然の秘密ではあっても、誰もがそれは「防衛機密」であるかのようにふるまっていた。もちろん、今回もまた、すべての栄誉は、すべての褒賞は他人の手に行くのだ。

第31章 で、ボーナスは?

傭兵の遺骸が二体、ウラルの荷台に横たわっていた。俺はひざまずいて、亡骸の顔と肩を覆っているシートをていねいに持ち上げた。蒼ざめた顔が苦痛と当惑に歪んだまま強張っていた。二人の運命はあまりに理不尽で理解を超えていた。二人とも死んで二度と戻ってこないのだ。とりわけ辛いのは、二人が仲間に殺されたことだった。

すべては、ある指揮官がベテラン狙撃手の言葉を鵜呑みにしたことから起こった。その指揮官の命令で二人の斥候は監視哨へ向かっていた。二人が監視哨へ到着したと、前線の偽装監視ポストにいた狙撃手が伝えてきた時、指揮官は自ら確認すべきだったのを怠った。これが致命的な誤りとなった。指揮官は監視哨へ連絡して、兵士二人に機関銃を持たせて偵察に出すように命じた。が、その時、監視哨へ向かっていたのは味方の斥候二人だったのだ。朝まだきの靄《もや》の中、五〇メートルもない近場に二つの人影を見つけた兵士の一人は、生存本能に駆られて引き金を引いた。監視哨に残っていた兵士たちも銃声を聞いて銃撃に加わった。無線から敵を倒したと勝利の叫びが上がったのも束の間、立ち消えになった。はっきり目覚めた兵士らが自分たちの大間違いに気付いたからだった。自分たちのところへやってきた味方の斥候を撃ち殺してしまったことに。狙撃手の選んだ監視位置が悪かったとわかったのは、あとになってからだった。

俺はトラックから飛び下りると、一人離れて、周囲にいる兵士たちに背を向けて立っていた。まっすぐ前を見つめ、絶望に呑み込まれるのを必死でこらえていた。胸が詰まって言葉が出ない。目に涙がたまっている。拳を握りしめ、体の震えを抑えていた。何とばかげたことか、恐怖心に駆られ近距離から仲間を撃ってしまうとは！　岩陰にうずくまっていた兵士はどうして発砲したのか？　たとえそれが敵だったとしても、気付かれるまでじっとしているべきだった。それに相手は二人だけだ、後ろにはいつでも加勢できる兵士がいくらだっていたのに！　軽率で愚かでプロにあるまじきふるまいだ！　今では取り返しがつかない……。シェルハンにとってもコルトにとっても手遅れだ。シェルハンは斥候隊の指揮官で、いつも落ち着き穏やかで、年上に対してていねいで礼儀正しく、特殊部隊出身だったので経験も豊かだった。コルトは常に警戒して少し反応過剰のところもあったけれど、ラトニクの指揮下でほとんどの任務に参加して絶対の信頼を置かれていた。だが、二人とももういない。蒼ざめて潤いを失い、突然見知らぬ人間の顔になった死体があるだけだ。二人の家族は夫を、父親を、一家の大黒柱を失った。

のちに傭兵訓練センターで、俺は例の狙撃手と行き合った。あの不幸な夜に指揮官気取りでいた奴だ。おのれの間違いから仲間の死を招いたことにまいっているに違いないと思い、同情心から慰めてやろうとした俺がどれほど驚いたことか！　相手は俺にずばり訊ねたのだ、事故があってもボーナスは貰えるだろうかと！　後悔のかけらもなかった。愕然《がくぜん》とした俺は肩をすくめて踵《きびす》を返した。こいつは罪を犯したのだ。これが「会社」ではなく軍隊で起こったことだったら、軍法会議で裁かれていただろう。だが、そんなことは少しも考えていないようだった。われわれは有能で信頼のおける兵士を二人失ったのに、その責任者は自分の金のことしか頭にない、というわけだ。金は幸福をもたらさないが、骨の髄まで人間を腐らせることがある。

第32章

峠にて

ゴーレッツは宗教や国籍はどうでもよいという人間の一人だった。それよりどこの土地の出かということだ。このチェチェン人はいつもニコニコと金歯を光らせ、決して落胆することがなく、純朴さでたちどころに相手に信頼感を抱かせ、いろんな国籍の混じった傭兵部隊の兄弟たちとも容易に打ち解けていた。俺が初めて会ったのはシリアでの最初の任務の時だった。武器を持つ年頃になってから一度も手放したことがないというゴーレッツは、つべこべ言わずいつも進んで戦闘に出ていった。かつてこのベテラン戦士が属していた武装集団が、チェチェンの首長ラムザン・カドイロフの不興を買って解散されたため、民間軍事会社に加わり、一兵卒からラトニクの部隊の小隊長にまで伸し上がっていた。

ゴーレッツはカマーズから下りてテントの中に入り込むと、すぐにいつものように滑稽話を始めた。話の中身はどうでもよかった、語り口そのものがおもしろかった。奴の言葉がきつい訛りでいっそう奇妙に聞こえ、いつも必ず爆笑が巻き起こった。恒例の滑稽話が済むと、火のそばに来てみんなに温かく迎えられた。テントの中、岩の窪みに間に合わせでしつらえたコンロでは、煤《すす》けたやかんの口から熱湯が噴き出し、焼けた石の上でシュウと音を立てて蒸発していた。ここでは、山から吹き下ろす寒風や敵の砲撃から守られ、心安らかにくつろぐことができた。いつものようにとりとめもない会話の華がひらいた。話をすることで、戦いや凍てつく寒さや不愉快な出来事や絶え間ない緊張を忘れる必要があったのだ。われわれは敵の十字砲火を浴びないように用心しながら、尾根の頂上まで登らねばならない。前日だけでも一〇個ほどの地雷が処理されていた。寒さと雨のせいで、緊張を解いて座りたいという思いが募った。できることなら、暖かいところで横になって、露出した岩肌や砲弾や地雷で死ぬ可能性以外のことを考えたい。だから、みんなはそうしていた。火とコーヒーに温まりながら、自分たちが奪い取った山脈の頂《いただき》で夜明けの訪れるのを待っていた。

迫撃砲手のディーキイ（人間嫌い）が、ダゲスタンで砲兵部隊の指揮官をしていた頃の長い物語を終えたばかりだった。ダゲスタンはロシア南部の北コーカサスにある共和国の一つだ。今でも正規軍に関する話は傭兵たちの気にかかっていた。さまざまな理由から軍隊を辞めることにはなったが、誰もが本質的に兵士なのだ。われわれはロシア軍の状況を目の当たりにしてその内情にも通じていて、国の軍隊を年中無休のサーカスに変えてしまった最高司令部に対して軽蔑しか抱いていなかった。戦車のバイアスロンに討論会にパレードの練習と、見世物ばかりだ。ディーキイはあの辺りのジギート[1]どもがいかにして兵役を寄生生活に変えてしまったかを語ったところだった。任務を成し遂げてたんまり報酬を貰う連中は給料日にしか姿を見せなかったが、給料の一部を上官に支払っていることは間違いなかった。その結果、兵隊のレベルはお粗末で、指揮官にはまるで権威がなかった。なぜなら、強欲な上官の圧力に負けてであれ、しきたりを受け入れてであれ、目を瞑《つむ》る習慣ができていたからだ。

「どいつもこいつも好き勝手をしてやがる」バンディートが吐き捨てるように言った。

「ディーキイ、どうしてお前はその恥ずべき体制に反対しなかったんだ?」

「一人で英雄を演じるつもりはなかったね。お前だったら体制に反対するかい?」

「体制に歯向かうのは、自国民に歯向かうのとおんなじだ」。テントの奥の声が答えた。

「いずれにしろお前が罪人にされちまう。そういう取り決めにみんなが満足してたんだ。袖の下を貰った将校も、何もしなかった住民も、ちょっとした贈り物と規則通りの報告書を受け取った司令部もな。それに逆らうのは敵を大勢つくるだけだ」

「役人どもはみんなろくでなしだ。奴らにとって神聖なものなんて何もない。祖国も国旗も。懐を肥やしたいだけなんだ」

「コーカサスだけじゃない、ロシア中どこでも同じだよ。何もかもが商売の種だ。リストに名前を載せてもらうのも、兵役を免れるのも。叙勲が金儲けになり、ポストが取り引きされる。ずっと前から軍隊は何でも売り買いされる大バザールさ。名誉も義務の意識もありゃしない」。ディーキイが親切にも譲ってくれた床几《しょうぎ》に腰を下ろしながら、俺は穏やかに言った。

「奴らは住宅を貰い、給料は上がり、威信は高まるばかりだ」。手の平を上げながらタタ－リン（タタール人）が言った。

「いつになったら連中はまともに軍務に励むんだ？　なんだ、二〇〇人ほど捕まらなきゃなんねえってのかい？」

「社会の他の連中も同じくらい病んでるんだよ。二〇一五年のことだ。俺は任務に発つ前に、ちょっと拳銃の練習がしておきたくて射撃場へ出かけた。すると、そこには特殊部隊の連中が来ていて、兵隊たちは間の抜けた動きを訓練しているし、士官どもはソーセージを持参してサンドイッチを食っていた。長くかかりますかね、と俺が訊ねると、返ってきた答えはこうだ。『残念ながらね、モスクワから視察に来るんで、訓練をするように言わ

（1）中央アジアやコーカサスの馬乗りの名手。転じて、こうした地方の男たちを指す。

れてきたんだ。もうすぐ撮影にやってくる』とね。これでわかるだろう、特殊部隊の将校にとってさえ訓練は負担になってるんだ。『残念ながら』とその将校は、兵士らが駆けずりまわっている間に何度も繰り返していた。こんなことをやって何の意味があるっていうんだ、時間と労力の無駄じゃないか。セルジュコフ(2)がぶちこわして再生させようとした軍隊ってのはこれだ。あの連中は決して満足することはない、いつまでも不平を言ってることだろう。軍人精神とか軍人の本分とかを考える奴は、一人だっていやしない」

俺は唾を吐き、コーヒーを一口飲んだ。

近くへ迫っていた敵が騒ぎ出したので話は中断した。どこか北の山襞《ひだ》の間に隠れた大砲から放たれた砲弾が、俺たちの陣地を飛び越えて断崖に着弾した。お喋りはもうおしまい、全員が戦闘態勢に入った。

ゴーレッツは躊躇せず無線の充電器を引っつかむと、カマーズのステップに跳び乗り、迫撃砲陣地の下へ車を下ろすよう運転手に命じた。砲兵はそれぞれの持ち場へ駆け付け、観測要員は照準器を前方の起伏の多い平原に向けて、ドゥヒの大砲のありかを探した。まもなく二発目の砲弾が俺たちの頭上を越えて後方で爆発した。それで十分だった。遠くに上がった発射の炎を狙って、味方の大砲が反撃し始めた。撃ち合いは長く続かなかった。味方には何の被害も与えず、敵の砲撃はすぐに止んだ。

日が昇り始めて岩肌は温まり、風向きが変わって静まった。尾根の上から眺めると、平原は皮を剝がれた得体の知れぬ生き物に似ていた。太陽がまだ山頂から顔を出さず、岩の輪郭がくっきりと見えない間は、ことさらその印象が強かった。色の移り変わっていく地表は筋肉組織のように見え、そこを走る涸《か》れ川は動脈や静脈の血管網のように思われた。砂漠は呼吸していた。遠くからなだらかに見えた山並みは、近付くと突然、それまで隠れていた突出部や亀裂、たくさんの洞穴があることがわかった。ここではすべてが魅惑に富んでいた。

われわれのいる頂《いただき》から遠くに同じ高さの頂が見えた。シャエル〔パルミラ東方〕の砂漠と油田をイスラム国から奪還する前に、われわれが占領せねばならない最後の頂だ。敵は手ぐすねひいてわれわれの攻勢を待ち構えていた。ひとたびおのれの領土と思ったものを、敵はむざむざ明け渡すつもりはない。厳しく血みどろの戦いとなるだろう。

前進するのは骨が折れた。稜線を伝い、崖があるたびにその背後からの敵の攻撃を待ち

（2）アナトリー・セルジュコフは、軍改革を任ぜられて二〇〇七年から二〇一二年までロシアの国防大臣を務めたが、汚職事件の大スキャンダルがきっかけで解任された。国防省の業務の一部を民営化したことでも知られる。

受け、一日に一キロ以上は行けなかった。絶えず地雷を除去しながら進まねばならない。われわれは同時にいくつかの方向に分かれて前進し、周囲を見下ろす頂を占拠してから反対側の山腹を下っていった。敵は戦わずして退却していた。それでも傭兵部隊の一つは最後に、峠を越える道路を遮断しようとする敵と対決しなくてはならなかった。それは他よりしぶとい部隊で、なかなか砦を放棄しようとしなかったが、短い戦闘の末、敵は重い武器を捨てて死傷者だけを運んでいった。この小競り合いの顚末を聞いて、みんなはまず驚いた。弾の届くところにいる敵をどうしてむざむざ逃したのか？　その理由はあとから明らかとなった。小隊長ズィヤーティ（娘婿）の決断がつかなかったからだ。ズィヤーティはその後の戦いでも、指揮官としてのお粗末さを露呈することになった。

俺たちが尾根の反対側で発見した光景は、今さらながらシリア軍の無能さを裏付けるものだった。山上の台地の至るところに敵へ向けて要塞が築かれていた。重火器を据える場所も用意されていた。それらの陣地には今、大口径の機関銃を乗せたアメリカ製軽トラックの黒焦げになった残骸が放置されている。これだけの防御体制ができていれば、数年間の攻囲戦にも耐えられたはずだが、薬莢《やっきょう》の殻が少ないところから判断すると、ここでの戦闘は短かったに違いない。ジャッカルにかじられた骸骨が示すように、兵士らは大慌てで仲間の亡骸も運ばずに逃げ出したのだ。イスラエルが六日間でアラブ三国の軍隊を破るこ

とができたのも驚くに当たらない……。(3)

われわれはシリア軍が放棄した陣地に野営することにした。下方には、すぐ近く、シャエルの谷が始まる辺りの岩の割れ目やコンクリートの陣地の中に、ロシア傭兵部隊の出現に怒り狂ったドゥヒが潜んでいた。すべてが指示通りであるのを確かめると、ラトニクはキャンプに戻ろうと決めた。俺もマドリードとついていった。すべすべした一枚岩の巨岩に挟まれた狭い谷間の小径《こみち》はくねくねと曲がって、ところどころ、われわれの肩幅くらいしかなかった。山道は時どき断層に突き当たった。その断層から近くの山頂を下った水が流れ落ちていた。ここからは庇《ひさし》のように突き出した岩棚が見え、その下には遊牧部族が丸ごと一つ身を寄せられるような洞窟が並んでいた。ところどころ谷間が広がっている場所では、風雨によって岩壁が削られ、人の手によって仕上げられた壁龕《へきがん》がいくつも穿《うが》たれ、蜂の巣みたいだった。こういう場所ではドゥヒは恐いもの知らずだ。危険な空気が充満しているようだった。反射的に、俺は自動小銃の安全装置を外した。

峡谷を長時間歩きまわったあと、われわれは偶然、貯水タンクを見つけた。水のタンク

(3) 一九六七年六月五日から一〇日の六日間戦争で、イスラエルはエジプト、ヨルダン、シリアを相手に戦った。

と、仮の精製設備で作られた粗悪なガソリンの詰まったタンクがある。俺たちは詮索しなかった。戦争では好奇心が強すぎてはいけない。嗅ぎまわるのは地雷処理班に任せておけばいい。短い小休止の間に、われわれは次のような共通の見解に至った。すなわち、美は荒々しければいっそう荘厳であると。さらに行くと平原に出たが、そこも驚異が一杯だった。いくつもの低い丘を迂回して進んでいく道は、崖が垂直に切り立っていて、いつ何どき、太古の昔からある涸れ川の川床まで滑り落ちていくかもしれなかった。夜になってからキャンプにたどりついたわれわれは、この平和な散策の印象が忘れられなかった。観光気分だったと言ってもよい、戦いの毎日には特別のひと時だった。

第33章 シャエル油田

夜明けに、鋼板で覆われた自爆車両《ジハード・モビル》が出現し、偵察陣地へ向かって突進してきた。斥候たちはハイウェーを遮断するため、前日そこに到着したばかりだった。シムケントは対戦車砲を撃ったが外れた。エンジンと運転台を囲んだ鋼鉄の装甲版に穴を開けようと、トゥヴァは爆弾車に機銃掃射を浴びせ始めたがこれも無駄だった。爆薬を満載したトラックはすぐ近くまで迫って、スピードを落としていた。今にも止まろうとしている。斥候たちは急いで危険から遠ざかろうとしたが、岩だらけでほとんど平らな砂漠の表面には適当な隠れ場はなかった。

強力な爆発で半径二〇〇メートル以内にあるものはすべて破壊され、巨大な砂煙が立ち上った。それが収まらぬうちに、大口径機関銃の射撃と対空砲の砲火が空気をつんざいた。それまで静かだった平原の至るところから、機関銃の唸りと砲声が轟《とどろ》き始めた。低空にZU－23砲(1)の榴弾の閃光《せんこう》がきらめいた。ドゥヒは大砲のすべてを持ち出して、傭兵部隊が仲間の救援に来るのを阻止していた。

総員戦闘準備、態勢を立て直さねばならなかった。担架兵が爆発地点へ駆け付けた。状況がはっきりするにつれ、全員に何らかの救護が必要なことが明らかになってきた。軽傷の兵が重傷者を助けた。衛生兵が動けない者たちを引きずっていた。着弾地点付近にいた全員を退避させたあと、死者三名と判明した。

こうしている間にも戦闘は激しさをきわめていた。ドゥヒの自走式重機関砲が、敵には自分の庭同然の尾根のあちこちから撃ってきた。戦車が二両、岩の亀裂から現れて傭兵たちを驚かせた。二両同時に山腹を移動しながら、こちらの前線を片っ端から砲撃し始めた。戦車は素早く位置を変え、こちらの誘導ミサイルの報復をかわす。戦車の後ろから機関銃を持った歩兵の小隊が駆けていく。味方の歩兵の持つ迫撃砲も砲兵隊の大砲も、狙って撃ったと思えばすぐさま別の位置を指示されるといったありさまで、いつも遅すぎた。スピードの速い日本製の小型トラックを破壊するのは不可能だった。ドゥヒは機動性を武器に、近付いては砲撃を浴びせてきたので、後退せねばならなかった。

こちらが砲兵隊を立て直している間に、敵はさらに接近して、ニケの部隊の側面へ迫ってきたが、土壇場で傭兵たちは何とか敵の突破を押しとどめていた。それでも、敵の戦車は安全な距離を保ったまま砲撃を続けている。ついにニケの部隊は退却せざるをえなくなった。陣地を維持し切れなくなったのだ。それに、攻撃を助ける斥候もいなくなっていた、ほとんど全員が病院へ運ばれていたから。ニケが後退すると、すぐに敵が殺到して陣地を占拠したが、たちまち、その間に位置を変えていたブリトイの砲兵隊の砲火を浴びることになった。無線では、右翼からズィヤーティが必死で助けを求めていた。三門の対空砲の激しい掩護《えんご》砲撃を受けながら敵が接近していたのだ。ズィヤーティの部隊は数時間前に着いたばかりで防御の態勢が整っていない。あれよあれよという間に傭兵たちは獲物のように駆り出され、敵の歩兵部隊によって岩場へ追い詰められていった。ズィヤーティの声が無線を切り裂き、陣地が持たないと繰り返し、何度も何度も退却の許可を求めてきた。その報告を信じてラトニクは許可した。ベートーベンのように、作戦計画全体にとってそこは重要でないから捨ててもよい、と判断したのだ。傭兵たちが退却し始めたのに気付き、敵は退路を断とうとした。だが、幸いにもその動きが事前に察知され、掩護の部隊が差し向けられたため、ドゥヒは遭遇戦を避けて引き返していった。

ところが、負傷兵二人を搬送したあとでラトニクは驚いた。本来なら、防衛線から防衛

（1）ソ連製の二三ミリ対空機関砲。ZU－23またはZU－23－2は、一九六〇年にソ連軍に制式採用され、広く世界各地に輸出された。

線へ、互いに掩護し合いながら退却すべきところを、ズィヤーティの部隊は擲弾筒も放り出し、ズィヤーティを先頭に算を乱して前日の陣地のあった場所へ急いでいたのだ。それを見て、ラトニクは激怒した。実は本当に危険があったわけでなかった。ズィヤーティが恐がっていた砲弾はこちらまで届かずに爆発していた。だが、小隊の指揮官はパニックになり、部下に退却の指示も与えず、真っ先に防衛線から逃げ出したというわけだった。

だが、ラトニクの怒りが本当に爆発したのは、ドローンによってズィヤーティたちがカマーズを置き去りにしてきたとわかった時だった。恐慌に陥ったズィヤーティは、トラックを新しい陣地に移動するように命じたことを忘れてしまい、トラックを移動させた運転手は、部隊が退却していることをまるで知らなかったのだ。ドローン操縦士のシプカは、カマーズの周囲にもう敵がうようよしていると報告した。選択肢はあまりなかった。弾薬と装備を満載したトラックを敵の手に渡すわけにはいかない。運転手がまだ生きている見込みはほとんどなかった。シプカは砲撃を命じ、ドゥヒが何もできずに見つめる前でカマーズは煙となった。

ラトニクは怒りで煮えたぎっていた。それももっともだった。ラトニクはそれまで、信頼でき、自律して、どんな任務でも進んで引き受けられる指揮官の軍団を育て上げてきた。ニケ、イノストラネツ、ベスパリーイ、ソーボリ、カリーフ、ノワール。ズィヤーティだけはラトニクの生え抜きの生徒ではなかった。そのズィヤーティがラトニクを、パルミラを奪還した男を、その権威に誰も疑問を挟んだことのないこの男を裏切ったのだ。ズィヤーティは臆病にも自分の陣地を、弾薬を、重装備一式を見捨てた。ラトニクの部隊に居場所がないのは誰の目にも明らかだった。せめてもの喜びは、翌朝、カマーズの運転手が飢えて疲れ果て、それでもちゃんと生きて帰還できたことだった。

俺はキャンプにいて、その日一日の成り行きを無線で追っていた。俺は悔しい思いで司令部を出ると、敵の自爆攻撃で負傷した斥候たちの第一陣がすでに到着していた病院へ向かった。最悪の情況だった。傭兵隊が退却することはきわめて珍しい。しかし、その日は多くのことがうまくいかなかった。それはズィヤーティだけのせいではない。

何より問題なのは、われわれが使える武器の状態だった。われわれの戦車は、シリア軍の無知でぞんざいな使い方のせいで早々とガタのきたオンボロで、敵の戦車と対等に渡り合うことなどできなかった。われわれの砲兵部隊はわずかな弾薬を節約して使わねばならず、集中砲火などを浴びせる余裕はなく、標的を一つずつ狙うことしかできなかった。われわれのロケット弾はずいぶん前に使用期限が切れていて、配線不良で敵のところまで届かなかった。重機関砲や大口径対空砲を搭載したドゥヒの足の速い日本製小型トラックに対して、われわれにはくたびれたウラルしかなかった。

イスラム国の軍勢は戦術を変更した。シリア軍が勇敢になるのはロシア空軍が敵の要塞を粉砕してからだが、傭兵部隊はどんな要塞でも攻略できるということを完全に理解していたから、もう隠れたりせず、自分たちが隅々まで知り尽くした土地を前進してきた。われわれはそういう変化に対して準備ができていなかった。とはいえ、こちらにしかるべき武器があったなら、簡単ではないかもしれないがそれに対応できたことだろう。

われわれの犠牲者は三人だった。その一人はガスコネツで、今回ばかりは死との一騎打ちに勝てなかった。三人の思い出よ、永遠なれ。それでも最後には傭兵たちが目標を達成し、この地域を掌握するだろう。そして、石油が敵の手に入らぬようにして、敵の主な財源を断つことになるだろう。

第34章 フメイミム基地

図書館は相変わらず閉まっていた。どうやら、基地で手に入るささやかな書籍を納めた一画は長らく閉館したままらしい。俺はノブをがちゃがちゃやって（いらいらしたからで、ドアを開けようとしたわけではない）、そこに突っ立ったまま周囲を見まわした。ゆったりした祭服《スータン》をそよがせ、基地付き司祭が別の住宅ユニットから出てきた。そこは内部に壁のない大きなユニットだ。正教会の司祭はかなり若そうで、行き交う人に親しみを込めて微笑みながら購買部の方へ向かっていった。俺も同じ方向へ歩き出したが、特に散歩をしたい気分でもなかったので、自分のユニットに戻ることにした。そこが今の仮の住まいだ。

　シリア駐留ロシア軍の拠点であるフメイミム空軍基地に滞在して二週間目になる。俺は歯のブリッジを直してもらいにきていた。昔からたいして歯の強いほうではなかったが、残っていた前歯を戦場で傷めてしまった。戦闘で転倒して放っておけない状態になったのだ。ある日、にたっと勝ち誇ったように笑って歯並びを見せびらかしながら、俺にうまい手を教えてくれたのはニェメッツ（ドイツ人）だった。義歯を作るのに必要な金（ロシアの基準からすれば比較的安価だった）を借りるための書類にサインしたブロンディーンは、空軍基地で軍事会社用に充てられたユニットの一つに泊まる許可も与えてくれた。

正直なところ、俺にはしばらく戦闘から離れていることが絶対に必要だった。俺はとても疲れやすく、わずか数時間分の活動エネルギーしかなくて、あとは疲れに負けて体の動きも頭の働きも鈍くなった。俺の消化器系は反旗をひるがえし、日に三度も四度も吐いた。司令部付きの医師は断言した。「あんたほどの大怪我をしたら一年半か二年はリハビリを続けなくては駄目だ。あんたは一年も待たずに戦場に戻ってきたじゃないか。あんたの体は一度ギブアップしたんだ、ひとりでに元に戻るってものじゃない」と。それで、俺は短期休暇をとろうと思い付いた、ただしロシアには戻らずに。少し休養をとって栄養のある物を食べれば元気になるだろう。前線は穏やかだったのでちょうどよかった。われわれの部隊は休みで、この先三週間は戦闘がないに違いない。

俺がフメイミム基地で見つけたものは、何一つ、シリアでの任務中に目にした戦いとのつながりが感じられなかった。傭兵にとっては、シャベルで掘られ、ビニルシートなどで雨風や砂埃から守られた穴でも、十分に快適なシェルターだ。そのうえ粗末な物でも、湯を沸かし体を温めてくれるコンロがあれば、まさに極楽なのだ。ところが、基地には、エアコンの効いた住宅があり、あらゆるマシーンを備えたトレーニングルームがあり、シャワーもカフェも売店も揃っている。それらはみな、傭兵とは違って戦闘に加わらない兵士らのためなのだ。身ぎれいでめかし込んだ軍人は、垢や砂漠の砂埃で色あせた迷彩服に油じみたアノラックをまとった髭面の男たちとは似ても似つかぬものだった。たとえ体をきれいに洗って髭を剃ってどんな衣装を身につけようと、傭兵は歩き方と銃の持ち方で簡単に見分けがついた。

基地は駐屯部隊と親衛隊の職務憲章にしたがって管理されていた。歩哨は絵はがきにあるように、自動小銃を肩から斜めに銃口を上に向けて提げていた。ここは戦闘地域でいつ何どき攻撃があるかもしれないのに。肩から銃をとるまでの間に三度は死ぬだろう。わずか一五メートルしか離れていない食堂へ向かうにも、兵士らはきちんと整列していく。前時代と変わらず、ロシアの将軍にとって、軍紀とは何よりもまず部隊が整然と配置されていることなのだ。他にも驚くことがある。警報が鳴った時、司令部付き将校たちは防御計画に則ってそれぞれの持ち場に散っていく前に、中庭に集合しなくてはならなかった。爆弾や砲弾が雨霰《あられ》と降り注ぐ中、参謀将校らが敵への侮りを示すために小さな広場に整列して、迫撃砲の直撃を受けて勇敢に死んでいく光景が想像された。

傭兵たちは隊列を組んで行進しなかったが、常に集団で行動する訓練を積み、戦闘で協力し合うことを学んでいた。歩哨に立つ時はいつも武器を携帯し、実際に手に持ち、危険があればいつでも発砲できるようにしていた。基地では、武器は鍵のかかる場所に保管され、兵士に配られるのは特別な催しのある時だけとは、信じられない。せめて、兵士の寝泊まりする兵舎の中に保管しておけないものか。兵舎の近くには基地のフェンスがあるので、敵が不意に侵入してきたら、大半は武器を取りに走る時間すらないだろう。交戦中の国においてさえ、ロシアの将軍は兵隊を信頼していないのか。暑さが収まる時間になると、兵士たちはスポーツウエアでジョギングに出かけたあと、トレーニングマシーンを使ったりバレーボールをしたりするのが常だった。それは、軍事作戦のための肉体の鍛錬というより、海辺のフィットネスクラブを思わせた。それに引き換え、傭兵たちは戦闘に加わらず基地で待機している時にもトレーニングを続けていた。荷物を担いで走ったりバーベルを持ち上げたりして、筋肉がたるむのを防いでいた。

輸送部隊の護衛の装備は標準的だった、つまり、実用に合わず不便だった。ロシア軍の機材の質の問題は解決済みと信じるなんておめでたい。それに、兵士たちもそれぞれの兵器の特性をよく理解していないように思われた。実際の戦闘には参加せず、手元にある武器だけで装甲車列の警護には十分だったから。戦闘地域への弾薬輸送を空挺部隊が護衛していくのを見たことがあるが、全員がアフガニスタンの頃みたいなパイロット用メガネをかけていた。今日の空挺部隊では、快適で眼をよく守ってくれる軽い戦闘用メガネがあるのは十分知られているのに、なぜ戦場であんなものをかけている理由がわからない。

とはいえ、基地にある最新鋭の軍備の豊富さに目を見張らされたのも事実だった。装甲兵員輸送車のタイフーンやチーグル、ウラル、カマーズが数十台単位で行き来していた。傭兵部隊はその豪勢さにまったく与《あずか》れなかった。先年、ロシア軍は気前よく自動砲付きの装甲兵員輸送車を貸してくれたものの、今年は、シリア軍から押し付けられたオンボロ戦車とBRDM(1)で我慢しなくてはならなかった。にもかかわらず、油田地帯をイスラム国から奪い返すという使命以外にも、傭兵部隊は全体的戦略目標の実現に重要な役割を果たした。パルミラにおいて、さらに、ウカイリバートやデリゾールに対する同盟軍の攻勢の主力となったのだ。それでも、ロシア国防省は傭兵部隊にオンボロのガラクタを供与し、最前線の戦闘に加わらないロシア軍は高性能の機材で移動しつづけていた。シリア軍はと言えば、絶えずドゥヒに攻め込まれ、武器や装備を放り出して退却ばかり繰り返していたが、それでもT－90戦車を持っていた。一方、われわれの有していたのはもっぱらT－72戦車で、そのほとんどはイスラム国から奪った戦利品だった（傭兵部隊のプロ根性とシリア軍の

(1)　一九六〇年代から今日に至るまでソ連、次いでロシアで使用されている偵察戦闘車。

不甲斐なさが知れようというものだ)。敵が以前にシリア軍から取り上げた戦利品を奪い返したのだ。

もはや基地にはロシアの軍事力の前哨の面影はなかった。次第にテーマパークのような場所に変わってきていた。ひっきりなしに、そして、明らかに費用を出し惜しみせず、並木道や記念碑が造られていた。戦場で奪い取った武器の展示会も開催された。それは迫撃砲や大砲など主に手作りの兵器で、敵兵の創意工夫と器用さを示すだけのことになったが、ドゥヒの地雷の構造や地雷敷設の方法を展示したコーナーはなかった。ようやく入館できた図書館でも、イスラム国のシリアでの戦闘方式や戦術、爆発物の使用法に関する書籍や映像は見つからなかった。ポスターの製作や芝生刈り、記念碑の建立や芸術家の招待、そして、時どき輸送部隊の護衛に出かけること、それが、空軍兵士でもなく対空防衛にも所属していない空軍基地の職員たちの励んでいる仕事だった。

空軍は働いていないわけではなかった。一日も飛行の止むことはなかった。四六時中、戦闘機が耳をつんざく爆音を上げて離陸し、標的めざして空に消えていった。着陸時には凄まじい音はいくぶん収まり、まるで任務を達成した機体が疲れて帰ってくるみたいだった。俺たちはこの遠出の結果を目の当たりにしてきた。破壊されたビル、焼け焦げた車の残骸、切り裂かれた戦車。戦場でわれわれがその恩恵を蒙ったことは否定できない。だが、無人の荒野のど真ん中で、巨大なクレーターや榴散弾の破砕片に覆われた広大な土地に出くわしたこともあった。そういうところには不発弾があり、われわれの部隊にとって脅威となった。戦場に付き物の危険だ。

何もかもうまく行かなかった。俺は作戦に出ることにこだわったけれど、体は耐えられなかった。イライラは募るばかりで俺の気力は揺らいだ。俺の傭兵根性にとって我慢できないことがフメイミム基地にはたくさんあったが、近頃は、傭兵仲間と一緒にいても十分惨めな気持ちだった。

前には気付かなかったことに気付くようになってきて、傭兵稼業の一部に嫌気が差しているのがわかっていた。自分では答えの見つからない疑問に突き当たった。油田地帯の解放をどうしてあんなに急いだのか？　部隊が急いで集められ、連携も不十分なまま、お粗末な武器を携えて戦いに向かっていった。装備も整った主力部隊が到着するのを待つことはできなかったのか？　それでも敵は掃討されたろう。どのみち、われわれ以外には誰も敵をあの土地から追い出し、油田を手に入れることはできなかったのだから。不可解にも精鋭部隊とされているイラン革命防衛隊にも、ヒズボラにも、ましてやシリア政府軍には。われわれはなぜ、不十分な弾薬で戦わねばならなかったのか？　われわれに与えられた弾薬は古くて品質の落ちたものだったので、標的まで遠く及ばずミサイルが落下することもしばしばだった。砲撃力の不足から犠牲者が出た。仲間や同郷人が死んでいった。何者もこのような方法を正当化することはできない。侮りもはなはだしい。それに直接あるいは間接に責任のある者を全員見つけ出し、裁判にかけ、過ちの代償を払わせなければならない。

　俺は傭兵部隊の中で起きていることにもうんざりしていた。指揮官は「上司」に成り下がり、戦闘で部下を率いる必要を感じなくなってきていた。ラトニクのように、部隊とともに戦場に赴き、常に部隊との連絡を絶やさない、という指揮官はほとんどいなかった。今では部下に命令を与えたあと、部隊長のほとんどは部下の将兵の行動を監視しておらず、それが当たり前になっていた。ベートーベン自身もそれに目を瞑《つむ》っていた。指揮官のポストも、現場能力を考慮せず、だんだんと個人的なコネに基づいて与えられるようになっていた。さまざまな部隊や小隊の指揮権は次第に優秀な士官から取り上げられ、無教養なごろつきやアブナイ奴に委ねられるようになっていた。デブリーフィング〔任務後の上官への報告〕の観念はすっかりなくなり、たとえ上辺だけでも、戦いでの失敗や計算違いを分析しようとする者は誰もいなかった。

　それは滑稽なくらいだった。ある日、衣料倉庫から暖かいジャケットを受け取った時に、俺は膝のサポーターも要求した。だが、貰った箱を開けてみると入っていたのは、明らかに庭いじり用らしい膝おきのベルト付きラバーシート一組だった。倉庫の棚が天井までこんなガラクタで一杯になっていると考えると！　まあ、それはつまらぬ話だが、最悪なのは戦闘用の機材だ。誰かがお役御免のＢＲＤＭを再艤装《さいぎそう》して歩兵部隊の掩護《えんご》用に使おうと思いついた。この手の偵察戦闘車は車高が高くスピードが遅すぎて見張りにしか使えず、砲弾の誘導装置はいつも狂っていて、戦闘ではまったく役に立たない。このばかげた考えに対し、どうしてわれわれの指揮官の誰も反対を唱えなかったのか？　ロシア軍から高性能の車両を手に入れようとせずに、ちょっとの揺れで溶接部分が壊れてしまうような車を自分たちの手で作ることに、多大なエネルギーと資金を使っていたのである。こうした努力の結果はすべて前線に着く前にバラバラになった。

俺は暗い考えに沈んでいた。完璧な心身衰弱の状態にあって、フメイミム基地で二週間過ごしてもたいして回復はしなかった。明白な事実を認めざるをえなかった。このままどまってても何の意味もない。荷物をまとめる時がやってきた。俺はみんなの重荷になるつもりはない。いつも愚痴をこぼしている老いぼれにはなりたくない。

第35章

俺が去ってからのシリア

俺は二〇一七年秋の激烈な戦いには参加しなかった。この作戦については仲間たちから話を聞いただけだが、まるで兄弟たちの傍らにいたように体験している。

パルミラ周辺の油田地帯を解放したのち、同盟シリア軍とロシア駐屯軍の一連のイスラム国掃討作戦を支援すべく、ほどなく傭兵部隊は再びアクラバ近郊とデリゾールへ派遣された。

それまで戦闘とは離れていた小さな田舎町アクラバは、二〇一七年夏に突如、イスラム国の堅固な砦に一変した。ここは、西はアレッポに睨《にら》みを利かせられると同時に、南東はパルミラ近郊の失地奪還を虎視《こし》眈々《たんたん》と窺える戦略上の要衝にある。同盟軍司令部は強大になりすぎたイスラム国の勢力を徹底的に排除しようと決めたが、いつもながら、シリア軍にはその任務の遂行能力のないことが明らかとなった。そこでまたしても傭兵部隊のことを思い出したのだ。

敵に関する情報不足からゆっくりと前進しながら、傭兵部隊は山脈の中を踏み分けてアクラバの町にたどりついた。傭兵たちの主な情報源はドローンだった。だが、ドローンでは敵の要塞の最前線の様子は知れるが、その背後に何があるのかはわからない。最前線の向こうで部隊を待ち構えているのは何か、誰にも想像がつかなかったので、臨機応変に対応するしかなかった。案の定、部隊が尾根を越え廃墟となったアクラバ郊外まで谷間を下っていくと、周到に掩蔽《えんぺい》された敵の陣地から十字砲火を浴びてしまった。側面から攻撃された小隊長は助けを求め、サムライが部下を率いて救援に向かった。混乱気味の無線の報告によると、敵は慎重に前進してくるようだった。村の廃墟に潜んでロシアの兵が十分に近付いて縦列になるのを待っていた敵は、擲弾を六発発射してきた。その一発が炸裂してサムライは重傷を負ったが、それでも腰を止血帯で縛って指揮を続けた。兵士たちが自動擲弾筒《てきだんとう》で敵の戦車の隠れ家に砲撃を浴びせた。こちらが放った擲弾は標的に当たっただけでなく、蓋の開いた電気室に飛び込んでエンジンが止まったので、敵は戦車を放棄して退却していった。ぶんどった戦車は導管を修復してすぐさま敵を攻撃するのに使われた。

アルティンの部隊がサムライたちに合流した。部下に物陰へ隠れるよう命じると、アルティンは負傷したサムライに屈み込んで「兄弟、状況を説明してくれ」と訊ねた。サムライはできるだけ簡潔に必要な説明を与えると、アルティンの名を呼んで幸運を祈ると告げた。「知り合いだったっけ?」。アルティンは振り向いた。煤《すす》と乾いた血に塗《まみ》れ、一〇年ぶりに見た昔の仲間の顔がわからなかったのだ。兵士と兵士の出会いとはこんなものだ、街中でも戦場でも。サムライは戦友と握手を交わし、負傷者がすべて病院行きのウラルの荷台に運ばれたことを確認すると、それからようやく、仲間の手を借りてウラルの荷台に上ったのだった。

勢いあまって、ハヴァのいた部隊は他の部隊よりかなり前方まで来てしまった。ドゥヒはそれを見逃さなかった。この先鋒部隊を格好の餌食にしてやろうと、態勢を立て直し逆襲してきた。部隊長が重傷を負ったので、一番決断力のあったハヴァが指揮を引き継ぎ、兵士たちを大声で励ました。傭兵たちは廃屋の小さな中庭に追い詰められ、三方から同時に攻撃され、近距離から銃撃を浴びた。完全に包囲される危険が迫ったとみると、ハヴァの指示で兵士たちは急いで負傷者の搬出を始めた。壁の破れ目からまだ敵に占拠されていない場所を通り抜けて避難させる。傭兵たちの弾薬と手榴弾は見る間に減っていった。急に訪れた夕闇の中で、傭兵たちは弾薬を節約するため、ドゥヒの一斉射撃に対しててんでに単発で応戦していた。

敵は塀の隙間や隣の家の窓から銃撃を続け、接近を試みては手榴弾を投げてきた。また、心理的な圧力もかけてきて、一斉射撃を中断して「神は偉大なり《アッラーフ・アクバル》」と叫んだ。ある時は、神《アッラー》への呼びかけのあとに「降服しろ！」ときついコーカサス訛りのロシア語でわめいた。ハヴァは張り裂けんばかりに叫び返した。「ロシア人は降服しない！」。そうして、相手の方に目がけて手榴弾を投げた。それから体を引っ込めると小声で付け足した。「ブリヤート族(1)もな！」

傭兵たちの弾薬が足りなくなってきた。中庭にはこの農家が占拠された時に破壊された小型トラックがあり、そこには、カラシニコフ用の七・六二ミリの弾薬ケースが残っていたが、大半の傭兵の銃は口径が違っていたし、ＡＫＭ(2)を持っている何人かはその弾薬を取りにいくために中庭をひた走らねばならなかった。爆弾で倒壊した建物の中にはイスラム国の戦闘員の死体がいくつも横たわっていた。奴らの自動小銃は破損していて、薬莢を弾倉に詰めるには銃身をコンクリートの床に立てて足でコッキングレバーを押し下げねばならなかった。幸い、銃身に損傷はなく遊底《ボルト》は動き、発火装置も問題なかった。弾倉が捻じれていれば、他のモデルだったら使えなくなっていただろう。ありがとう、ミハイル・テ

(1) モンゴル系民族でシベリアに多く住む。
(2) カラシニコフ自動小銃の改良型。

イモフェイエヴィチ（カラシニコフ）！　あんたの発明には誰も勝てないよ！

とりあえず、ドゥヒの死体から奪った銃で傭兵たちは一息ついたが、敵の圧力は衰えない。胸のしめ付けられる思いで、ハヴァは解決策を探した。あった！　無線を引っつかむと、救援に駆け付けようと必死の小隊長を呼んで言った。「一番背の高い家が見えるか、兄弟？　そこから全員を退避させる。俺が合図したら、家の真上に砲弾を一発ぶち込んでくれ」。アイデアは単純だった。粘土で上塗りされた家はミサイルで吹き飛ばされ、砂煙が立ち上るだろう。夕闇の中、それに紛れてここから逃げ出せるかもしれない。掩護《えんご》のための何人かを除き、急いで兵士たちを壁の破れ目に集めると、ハヴァは無線に向かって「やれ！」と叫んだ。対空砲が火を吹いた。狙いは正確だ、標的まで一キロもないのだから。家は吹き飛ばされ、巨大な砂煙と化した。最初に破れ目から飛び出していったのは、搬出する暇のなかった負傷兵を担架で担いだ四人の兵だった。他の兵士があとに続き、掩護の兵士がしんがりを務める。

何が起こったのか、ドゥヒには即座にわからなかったが、傭兵たちが逃げ出し遠ざかっていくのを見つけると、一斉に銃撃しながら追いかけてきた。傭兵たちは残れるわずかな力を使って、息の切れるまで走った。もう少しで助かる、あの壊れかけた家まで行けば、あと何メートルかで、仲間が待っている。一同はついにたどりつき、最後の力を振り絞って盛り土を飛び越え、地べたに倒れ込んだ。追跡に我を忘れたドゥヒは、自分らが狩人ではなくて獲物になったのを悟ったが、遅すぎた。遮蔽物のない場所に突進した敵を、ハヴァの部隊の退却を掩護した対空砲がまさに滝のようになぎ払い、そこから逃れる術《すべ》はなかった……。息をつくが早いか、ハヴァは急いで全員を点呼した。大丈夫、一人も欠けていない！　それを確かめるとハヴァはくずおれた。疲れ果て、気絶する一歩手前だった。

翌日、傭兵部隊は再び出撃していった。ブロックからブロックへ、次から次と家を占拠して、やがて神《アッラー》を讃える声も降服を呼びかける叫びも聞こえなくなった。部隊はアクラバへ向かって進撃し、奪い取った。だが、毎度のことながら、イスラム国の敗北を決した傭兵部隊の働きについては一言も語られないだろう。今回はさらにひどく、公式報告をまことしやかにするためにあらゆる演出が施された。まさに不条理劇だった。後退して出発地点へ戻るよう命令を受けた傭兵部隊は、同盟軍の部隊がビデオカメラの前でまったく無人の町へ勇ましく突撃していくのを、大笑いしながら眺めたのだった。この戦争でこれほどばかげたものを見たのは初めてだった！

アクラバに続き、傭兵部隊はデリゾールへ進軍した。デリゾールの守備隊はイラクから来たイスラム国の部隊に包囲され、三年前から封鎖状態にあった。攻囲戦というのはちょっと大袈裟だろう。その機動力からして、敵は足の速い小型トラックを駆使して、町へ通じるどんな道路でも簡単に遮断できたので、どれほど空軍の支援があろうとも、守備隊にはそんなに長く持ちこたえられるだけの弾薬もガソリンもあるはずはなかった。抜け穴がいくつもあって、封鎖といっても不完全なものだった。

今度ばかりは例外的に、この小さな守備隊のしぶとさに敬意を表さねばならない。この戦争で、こうしたシリア兵の勇敢さとシリア軍指揮官の冷静沈着さは稀な例だった。他の大勢のシリア人将軍と違い、ここの将軍は戦争とは何か、部隊をいかに指揮すべきかをよく理解していたようだ。おそらく、イスラム国とシリア軍の間に何らかの合意もあったのだろう。前例はいくらでもあった。例えば、シリア軍やその駐屯地に配送された軍事貨物が敵の手に渡る、ということがあまりにも多かった。

とにかく、攻囲された守備隊を救い出すため、傭兵部隊は全軍を引き連れてパルミラのハイウェー沿いにデリゾールを目指して歩いていた。ユーフラテス川に向かう道路は概ね平坦で、ドゥヒからかなりの数の小型トラックを奪った傭兵部隊は、今では敵と同じくらいフットワークがよかった。ただ、すぐにオーバーヒートする旧式のT-62戦車がアキレス腱だった。ロシア軍は新しいT-72戦車を提供してくれなかったのだ。

劣悪な装備にもかかわらず、その勢いに不意をつかれて抵抗もできないドゥヒをまさに払いのけながら前進していった。ラトニクの部隊では、シタヴォート（会計士）が敵から奪った小型トラックを運転していた。一年前に地雷の爆発で片脚を失ったものの、シタヴォートは一瞬たりとも社会福祉の世話になって暮らそうと考えたことはない。力強い両腕で銃を撃てるし、義肢が失くした脚の代わりをしてくれるので、戦場でも働ける！　そう固く信じていて、ラトニクを口説き落とした。だから、両手で愛用のデシーカ重機関銃の握り手をしっかとつかみ、使える方の脚で体の位置を調節し、トラックの側面に義肢を押し当てながら、自分の片脚を永遠に奪った奴らに銃撃をくれてやっていたのだ。突撃兵の能力を少しも失ってはいなかった！　工兵のロージャもまた、砲弾で砕かれた肩を治療すると、何の特別な計らいも求めず元の仕事に復帰した。ミールヌイもまた、義肢に慣れると任務に出かけていった。連中はみんな英雄だった。

デリゾールへ向かう道路を解放したあと、傭兵部隊はユーフラテス川の岸辺に陣を張り、対岸の襲撃準備に着手した。シリア軍の助けは当てにならないと心得ていたから、自分たちで川を渡る船を用意した。九月のある夜、突撃部隊の第一陣がユーフラテスの東岸に上陸し、間髪おかず攻撃に転じた。戦闘が昼夜に及ぶこと数日にして、傭兵部隊は接触線を河岸から遠くへ押しやることに成功した。シリア軍が渡河は十分に安全と判断して浮台《ポンツーン》を築き始めたのは、そのあとのことだった。

睡眠不足と栄養不良、至るところにある危険に疲労困憊の傭兵たちにとって、戦いは辛くとても困難なものだった。ドゥヒは猛然と休みなく自爆攻撃《カミカゼ》をしかけてきた。この戦闘の間に、我が友サムが倒壊した壁に押し潰されて死んだ。サムは俺と同い年で、一緒に空挺部隊にいたことがある。サムがシリアへ出発する直前、休暇の終わりに俺のところへ訪ねてきて、二人でウオッカを飲みながらあれやこれや話をしたことがあった。奴は亜鉛の棺に納まってロシアへ帰ってきた。

同じ日に戦闘に斃《たお》れた他の傭兵四人の遺体はついに回収できなかった。ドゥヒは好機をとらえて反撃に乗り出した。小隊の一つが戦線の中心から遠く外れるのを待って、他の部隊の前進を阻んでその小隊だけ孤立させようと、砲火のすべてを集中してきたのだ。側面からは対空砲で、前面からは機関銃でもって。傭兵たちは部隊を後退させることができたものの、遺体を取り戻すことは叶わずドゥヒに運び去られてしまった。敵は「戦場での同胞愛」ということを知りすぎるほど知っていて、たとえ遺体であっても傭兵たちは仲間を見捨ててはおけないと見越して、それを利用しようとした。

翌日、傭兵部隊はまだ残っていた敵の陣地を掃討しながら前進していた。その時、ソンツェ（太陽）が損傷のひどい死体を見つけた。見覚えのある色の服を着ている。初歩的な警戒を怠ってソンツェは駆け寄った。だが、死体はおとりで地雷が隠されていたのだ。ソンツェの遺体は戦友の遺体の断片とともに運ばれていった。

ラトニクは斥候部隊を率いて鉄道の踏み切りの東へ前進していた。戦車と装甲兵員輸送車を前に押し立て、それを歩兵たちの盾にして、デリゾール近郊まで敵陣を突破してきた。部隊が最初の集落に到達したのがあまりにも早く、傭兵たちがこんなに近くまで来ているとは敵にもすぐにわからなかったくらいだった。敵の部隊は鉄道の土手の背後に潜んでいて、傭兵部隊へまっしぐらに突撃してきたが、容赦なく片付けられた。傭兵たちは一人も生かしておかず、一気に一〇〇人以上を始末した。

ユーフラテスの東岸では、ラトニクが最初に確保した地点から、シリア軍は一〇〇メートルほどしか南へ進んでいなかった。渡河地点の北へもシリア軍は少しも動いていなかった。その間に、傭兵たちは前線のど真ん中に到達し、正面から進撃してイスラム国の戦闘員を打ち破り、ラッカから進攻してきたクルド軍と挟み撃ちにした。

例によって、シリア軍は戦況をすっかりもつれさせてくれ、その結果は悲惨だった。その混乱の犠牲者の一人は、デリゾールでの全作戦を指揮するロシア人司令官のヴァレリー・アサポフだった。将軍は護衛士官とともにシリア軍の非支配地域に入り込んで敵の砲火に斃れたのだった。

傭兵たちもサディークには頭を悩まされた。傭兵部隊の曲射砲陣地はシリア軍の補強部隊に囲まれて安全な場所にあるかと思われたが、ドゥヒは夜明け前の最も暗い時間帯を選んで、シリア軍陣地の前までやすやすと侵入し、自爆攻撃《カミカゼ》で砲兵隊に襲いかかってきた。砲兵隊の歩哨はシリア軍がそばにいるのに安心して、何も気付かなかった。敵は叫びながら弾薬の集積所へ突進し、大爆発が轟《とどろ》くやいなや、大挙して襲撃してきた。襲撃は何とか押し返したものの、警戒を緩めたこととシリア軍を信頼しすぎたことの代償はいつもながら甚大で、数十名の人命が失われることになった。

場所と時間に関して信頼できる情報がシリア軍から得られないことは、さらに悲惨な状況を招いた。傭兵が敵の生け捕りにされたのだ。トラックに分乗したイスラム国の戦闘員がシリア軍の検問所《チェックポイント》に奇襲攻撃をかけ、ハイウェーを支配下に収めてすべての部隊の移動を阻止した時、サディークは誰にもそれを知らせようとしなかった。そんなこととは知らない傭兵たちが、敵に奪われた通行止めのバリケードにやってきて、傭兵五名が行方不明となった。そのうち二名は捕虜となり、ほどなく、イスラム国が無敵であることの証拠として世界中の晒《さら》し者にされることになった。捕虜の一人、髭面の曹長はすぐに助かるための交渉を始め、自分の知っていることをベラベラと喋った。もう一人は沈黙を守り、毅然として死を待った。この者に名誉と栄光あれ。

ドゥヒは同盟軍の連携の弱点を突いてきた。デリゾール攻防戦のさなか、一台の日本製トラックが飛行場の検問所にやってきた。乗っていた敵の一人がはっきりしたロシア語で何か言ったのを、歩哨らは鵜呑みにして通したので、車は問題なく戦闘機の駐機場まで入ってきた。続いて起きたことは、アメリカのアクション映画のワンシーンみたいだった。小型トラックに乗り込んでいた敵は二手に分かれ、一隊はロケット弾で戦闘機を破壊し始め、もう一隊は飛行管制官を銃撃した。ゆっくりと時間をかけて、逃げて助かろうというつもりなどまるでなく、管制塔の中に立て籠って弾薬を使い果たすと自爆した。この急襲のあと、シリア軍には空軍の支援がなくなった。滑走路上の戦闘機五機が焼け焦げ、整備士と管制官が殺害され、爆発で機材が破損したからだ。

一〇月の半ばには、クルド人部隊も戦線に加わって、ユーフラテス川東岸における掃討作戦の主要部分は終了した。このままでは全滅しかないと悟ったイスラム国の指揮官は、兵員の対岸への移動を急いだ。だが、そこにはすでにクルド人部隊がいたのだ。クルド人部隊はドゥヒを捕まえると、後方へ連れていって尋問し、場合によっては狂信的でない奴らを兵に加えた。最終的にイスラム国の軍勢はサクル島に集結した。島は川が二股に分かれてできたもので、草木が生い茂り、建物や運河も多く、塹壕を掘ってすでにある設備を補強すると難攻不落の城砦となった。この敵の最後の砦を落とす仕事は、またしても軍事会社の傭兵たちの手に委ねられた。軽火器と擲弾筒《てきだんとう》でもって敵は必死の抵抗を試みたが、傭兵部隊は少しずつ戦線を推し進め、交通路や細い抜け道や隠れ家を徹底的に掃討しながら、ドゥヒを島の東岸へ追い詰めた。捕虜の数は日に日に増えていった。傭兵たちは教訓を心に留めていたので、爆発物を身につけていないと確かめるまでは、投降してくる兵士を近付けなかった。こちらへ突進してくる奴らは、警告なく撃ち殺された。そういうのは大勢いて、そのほとんどは蜂の巣になり、身につけた爆弾で粉々になった。わずかな日数で決着がついた。

デリゾール攻防戦の間に、傭兵部隊はショラの町の郊外にある精油所を奪還した。その小さな施設がイスラム国の支配下にあった時には、アサド大統領の信頼も厚くイスラム国の指導者とも緊密なつながりのあるカタラジ兄弟の財源となっていた。カタラジの配下の兵士らはイスラム国と何らかの契約があるように思われたが、精油所を防御しなかった。ところが戦闘が終わりを告げると、精油所への権利を主張して傭兵たちに追い払われた。

それを恨んだ奴らは近くの丘の上にとどまり、偶然の間違いと称して、夜間に精油所へ大砲を撃ち込んだ。幸い、重大な結果には至らなかったが、翌日、日が暮れると、傭兵たちは贋《にせ》の味方の野営地へこっそりと近付き、眠りこけた兵士らから武器を奪って（奴らは歩哨も立てていなかった）、懲らしめてやった。そして、一味の指揮官と少数の強情な奴らが仲間を助けに駆け付けてきた時にも、同じようにお仕置きしてやった。

デリゾールをめぐる戦いは徐々に終わりに近付いていた。イスラム国は負けて油田の向こうへ撃退され、その瞬間、世界にまたがるカリフ国樹立の希望も永久についえた。イスラム国はもはや昔日の勢力を盛り返すことはできず、強い思想的運動で結び付いてはいたものの、もう小規模なテロリスト集団に分裂していた。

イスラム国に対するすべての大きな戦闘において（パルミラでの二度の戦いでもアクラバやデリゾールの戦いでも）、ロシア傭兵部隊は直接に関わり、ほとんど常に地上戦での攻撃の主力であった。だが、公式メディアでは何も触れられなかった。イスラム国撃滅の歴史の中に、民間軍事会社の戦闘員について言及したページが付け加わる日のいつか来たらんことを、俺は信じたい。そうなって当然だ。

傭兵部隊は前進する、戦闘から戦闘へ。勝利もあれば敗退もある。ロシアの傭兵部隊が社会のはみ出し者や浮浪者の寄せ集めではなく、本当のプロ（戦争の仕事人）で構成された組織であると証明されるまでには、まだまだ時間のかかることだろう。傭兵たちこそ、兵舎でのんびりと日焼けするよりも民間軍事会社の道を選んだ本当の兵士なのだ。社会や国家からふさわしい地位や権威を獲得するために、傭兵部隊のなすべきことはまだたくさんある。だが、いつかその日が来るに違いない。

俺は傭兵部隊という騒々しくて落ち着きのない大家族の一員になり、そこに誇りを見出し、祖国にとって必要だが危険な仕事を成し遂げてきた。詰まるところ、士官学校であれほど夢見ていた波瀾万丈の兵士の人生という川の流れに、もう一度身を浸すことができたのだ。そのチャンスを与えてくれた傭兵部隊にいつまでも感謝の気持ちを忘れない。

あとがき

ロシアの傭兵部隊について本を書こうと決めた理由を、はっきり自覚するようになったのは最近、二〇二一年になってからのことである。書きたいという欲動が最初に起こったのは、長い知的停滞の期間のあとで再び読書を始めた時だった。トルストイの『セヴァストポリ物語』をむさぼるように読むと、手がひとりでにキーボードの方へ伸びていった。ロシア独自の歴史的進歩という概念と相容れないために公衆道徳から非難され、冒瀆とさえみなされている考えを、すなわち、われわれもみんなと同じなのだというとても単純な考えを、我が国民に理解させたいという抑えがたい欲求に苛《さいな》まれたのである。ロシア人が自らもって任ずる、不可解で霊的で小説に登場するようなアイデンティティというのは神話であって、それを利用する者たちが広めたものにすぎない。

この本は一人の傭兵とその仲間たちの武勇譚というよりも、むしろ、ロシアが傭兵制度をいかに利用しているかに光を投げかけたものである。傭兵とは西側諸国に特有の現象で、傭兵制度は資本主義の怪物が生み出したものであると教え込まれているが、われわれもまた、海外で自国の権益を拡大するために傭兵を利用している。我が国の政治家は、ロシアの民間軍事会社の存在については控え目に口を閉ざし、そういう民兵組織を利用しているという噂をまるごと否定するとともに、国民に対して集中的プロパガンダを展開し、ロシアにはロシア独自の外交政策があるという考えを叩き込み、傭兵部隊に関する疑問については直接的な答えを避けている。

こういう現状は誰の利益になっているのか？　まずは、国民に食わせてもらっていて、自分たちがその国民の役に立っていると思い込ませようとしている者たちに。例えば、シリアに駐留しているロシア軍の将軍たちは「誰もいない」キャンペーンを巧みに駆使して、兵士の犠牲はたいしてないという錯覚を生み出した。だが、イスラム国との戦争で命を落としたロシア市民の実際の数は、公式データと食い違っている。シリアで戦死したロシア人傭兵の数は、正規軍兵士の死者数をはるかに上回っているのだが、流血のない戦争という神話を維持するため、民間軍事会社の介入そのものが国民に隠されている。シリアに駐留するロシア軍人たちはみな、イスラム国に勝利するために本当は誰が体を張ったのかを知らない国民からちやほやされ、誇らしさに浸っている。

政治指導者たちもまた、「きわめて道徳的な我が国の価値観にそぐわない現象」と高言する傭兵制度から恩恵を得ている。アサド政権を救ったことで、ロシアは世界各地のあらゆる犯罪者どもの庇護者かつ救済者としての地位を確立した。ロシア外交と政治の裏でうごめく人間にとって、アフリカ大陸は有望な新天地となることだろう。アフリカで権力を握った悪辣な指導者どもは、シリア政府に対するロシアの支援に目をつけ、自国の豊かな金やダイヤモンドや石油などの鉱物資源をロシアの手に渡してもよいという素振りを見せている。

ロシアが傭兵部隊を利用していることは明白で動かしがたい事実だ。この本はその中の一人、シリアでの戦争に参加した一人の傭兵の体験を描いたものにほかならない。比較して、ルハンシクでの初めての任務に一章を割いて付け加えたのは、より客観性を加味して、傭兵のイメージを英雄化しているという誇りを少しでも避けたかったからである。われわれは英雄ではない。単に与えられた仕事をして報酬を得ているだけなのだ。ルハンシクに言及することで、傭兵が人類の進歩とヒューマニズムの名において（イスラム国と戦った時のように）だけでなく、実にくだらぬ、はなはだ疑わしい任務を果たすためにも働いていることがわかるだろう。

各人各様に好みの剣があり、好みの考えがある。自分自身について言うなら、戦いに戻ることがあるとすれば、それは戦争を止めさせるためにのみ、と心に決めた。そう考えるのは自分だけではないが少数派だ。他の者たちは喜んで、神と黄金の子牛の両方に仕えようとしている。結局、それが傭兵なのだ。

二〇二二年二月二四日、ロシア連邦大統領はいわゆる「ウクライナのナチ政権」に対して「特別軍事作戦」を決行した。だが、日数を経ずして、この特別軍事作戦なるものが大がかりな戦争であることが明らかとなった。都市は破壊され、市民が殺されている。戦争において、民間人の犠牲にどこそこの側が関わっているという議論はもはや意味がない。間違っているのは常に侵略した側だ。戦争を始めた側だけに報復を招いた責任がある。集合住宅に落ちた砲弾やミサイルは、どちら側から飛んできたのであろうとも、戦争が進行中だからこそ発射されたにほかならない。

投入された最先端の兵器と強力で精密な砲弾の量から推測するに、ロシアはずいぶん以前からこの戦争の準備を始め、何十億ドルもの金を注ぎ込んできたようだが、一方で、高齢者は雀の涙ほどの年金で暮らさねばならず、子どもの医療看護は二四時間テレビ《テレソン》の寄付で賄《まかな》われているありさまだ！

軍隊はどうか？　制空権をほぼ完全に掌握し、最先端の兵器で優位に立っているにもかかわらず、甚大な犠牲を蒙っている。国防省は戦死者数を偽っているわけではない、ただすべてを話していないだけだ。遺体が発見され身元が確認された兵士は戦死者とみなされるが、身元の確認されない遺骸や敵地に置き去りにされた遺骸は「行方不明者」の欄に記載される。国家親衛隊ロスグヴァルディヤ(1)はロシア連邦軍に属さないので、国防省にはその戦死者を報告する義務はない。ドネツク人民共和国やルハンシク人民共和国の武装組織についても同様である。シリアで戦わねばならなくなった時、ロシア軍は傭兵部隊を地上作戦に投入し、今日、その人為的な勝利の成果を手にしている。ロシア軍は昨日まで、やる気もなく、二一世紀の忌まわしきイデオロギーであるイスラム国相手に戦っていたと思ったら、今では、驚くべき熱意をもって、兄弟国を相手にした戦争で兵士たちを犠牲にしている。

ロシア傭兵部隊の兵士も犠牲者リストの別の欄に秘かに記載されている。今日ウクライナには、非常に多数の傭兵がいわゆる特別軍事作戦のあらゆる方面に投入されている。ロシアだけが承認しているドンバス地方の二つの共和国の民兵組織は、八年間防衛戦略に徹してきた結果、傭兵部隊の支援なしに攻勢をかけることはできないようだ。最近まで、少なくとも傭兵部隊の二つの分隊がこの特別作戦のためにキーウ周辺に配属されていたほか、三つの分隊がマリウポリとハルキウの戦闘に参加している。傭兵たちにはドルで支払われている。侵略軍の中の新たな風潮は、愛国心をドルに換金することである。そこにはイデ

(1) 二〇一六年四月五日に設立されたロシア政府に属する国内軍組織。ウラジーミル・プーチンの元ボディーガードのヴィクトル・ゾロトフが局長に任命された。

オロギーはない、金を稼ぎたい欲望があるだけだ。

ロシア国民はどうだろう? いつもながら、大多数は政府や党の行動方針に賛同している。我が国民の脳味噌はプロパガンダによってゼリー状となり、ウクライナの「非ナチ化」や「非武装化」という考えを抵抗もなく受け入れている。たんまり金があり、身ぎれいで西側のブランド品を身につけ、欧米に別荘を所有する財閥どもに脳味噌をズタズタにされた結果、国民は自らの惨めな生活レベルも忘れ、棍棒と短刀にプライドを持とうとしている。

毎年、対独戦勝記念日の五月九日が来ると、我が国民は大祖国戦争[2]に斃《たお》れた近親者の肖像写真を掲げて行進するが〔「不滅の連隊」と呼ばれる追悼パレード〕、あのチェチェン人[3]の脅しに立ち向かう勇気はない。いくら祖先の勝利に酔いしれてみても、自らの精神の欠陥や偉大さへの欲求を満足させてやることはできない。このたびの諸悪の元凶は、われわれに対して以前から敵対的だったウクライナの「ナチ」政権と欧米の庇護者どもである。ロシア国民は勝利を収め、壁や車にZの文字を塗りたくる。しかも、この戦争の勝利は、戦争と呼んではならないこの戦いの勝利は、あらかじめ担保されている。なぜなら、あらゆる形の体制批判、つまり、国民の大多数が知ることのできる情報世界での公式見解と異なる報道は、法律で罰せられるのだから。テレビもラジオも新聞も統制下にあり、誰もがインターネットのブロックを解除できるわけではないし、その必要を感じているわけでもない。そうした状況が一つに合わさって、どのような敗北も勝利に変えられるのだ。

国際的孤立から生じる経済的打撃も、裕福な暮らしをしたことがないか、贅沢に慣れる暇のなかった大多数のロシア国民にとっては、恐れるに当たらない。政府には高くつく発展途上国との友好や中国との不平等な立場での協力関係も、西側諸国の「ディクタト」に対抗するためには容認できる解決策に思われる。ここで言うディクタトとは、西側の要求に対してどこまで交渉の余地があるか、西側と競争していくために自らに高い規準を課すことができるのか、ということだ〔西側主導のグローバリズムが突き付けてくる変革の要求に対する反発のことであろうか〕。中国や中央アフリカ共和国が相手なら話は簡単だ。中国に対しては口出ししない、決めるのは中国政府だ。中央アフリカの場合にはこちらが切り札を握っている、あちらの指導者は完全に傭兵部隊に頼っているのだから。

我が国が、そして、おのれ自身がこれからどうなるのかを予想するのは難しい。自分の命や自由について心配しているだろうか？　自分はかつてのアレクセイ・ナヴァリヌイ[4]や

(2) ロシアでは第二次世界大戦をこう呼んで、五月九日の勝利記念日を祝う。
(3) ラムザン・ガドイロフ。ロシア北コーカサス地方にあるチェチェン共和国の独裁的首長。

ボリス・ネムツォフ(5)ほどの重要人物ではない。誰にも抵抗を呼びかけてもいないし、野党を率いているわけでもない。おおっぴらに自分の考えを述べているだけだ。万事承知の上でやっている。国民の敵と告発されるだろうか？　ある者は口を閉ざし、ある者は認めようとしないことを、あえて口に出して言おうする人たちは、今ではそう呼ばれている。よかろう、その汚名を着て生きていこうではないか。それは、そんなレッテルを貼ろうとする者にしか意味のない言葉だ。まあ、いずれわかるさ。

パリ、二〇二二年四月

マラート・ガビドゥリン

(4) ウラジーミル・プーチン反対派の中心的人物で政権批判の急先鋒。二〇二一年から投獄されている。
(5) プーチン反対派として有名で、二〇一五年にクレムリン近くで暗殺された。

解説

小泉　悠
（東京大学先端科学技術研究センター講師）

本書『ワグネル　プーチンの秘密軍隊』は、著者マラート・ガビドゥリンがロシアの民間軍事会社ワグネルでコントラクター（契約戦闘員）として過ごした日々を綴ったものである。

中心となっているのは、シリアでの戦いだ。二〇一五年にロシアが開始したシリアへの軍事介入は、航空宇宙軍（ＶＫＳ）による空爆が主であり、地上部隊の派遣はごく限定的なものに留められた——というのがロシア政府の公的な説明であったが、本書を読むと、それが真っ赤な嘘であったことがわかる。ロシアが支援するアサド政権軍は戦意が低く、軍隊としての運用もまったく低レベルであり、多くの戦場で実際に主力を務めたのはワグネルの兵士たちであった。

だが、ガビドゥリンが述べるように、彼らの戦功は決しておおやけになることはなかった。そもそもロシアの刑法第三五九条では未だに傭兵業が犯罪とされており、ロシア政府としてはその存在自体を認めるわけにはいかなかったからである。また、遠いシリアで多数のロシア人が戦死していることが明らかになれば国民から疑問の声が上がることは必至であり、この意味でもワグネルは「存在しない軍隊」でなければならない。それゆえに、ロシア政府はガビドゥリンらの戦いを決して認めず、地上戦における手柄はことごとくアサド政権軍のものとされた。

では、「存在しない軍隊」はどのようにして生まれてきたのか。真相ははっきりしないが、一つの転機は二〇一〇年にあったようだ。

この年、サンクトペテルブルクで開催された恒例の経済フォーラムに、一人の南アフリカ人が登壇した。アンゴラ内戦およびシエラレオネ内戦で目覚ましい成果を上げた民間軍事会社「エグゼクティブ・アウトカム（EO）」の設立者として知られる退役軍人、イーベン・バーロウである。バーロウのスピーチはそう大きな注目を集めなかったが、本当の目的はロシア参謀本部との接触にあったようだ(1)。参謀本部の直轄下に民間軍事会社を設置し、対外的に明らかにできない秘密作戦に従事させてはどうか――というのがバーロウの提案であったとされる。

この提案は、参謀本部の諜報機関である情報総局（GRU）の強い関心を呼んだ。チェチェン独立派の指導者ゼリムハン・ヤンダルビエフを二〇〇四年にカタールで暗殺した際、実行部隊であったGRUの工作員が逮捕されて国際的なスキャンダルになった経験は苦々しく記憶されていた。したがって、こうした場合に自らの関与を否定できる非公然介入部隊を設立することは好都合であると捉えられたという。

当時のニコライ・マカロフ参謀総長もバーロウの提案には前向きであったようだ。ちょうどこの頃、マカロフは西側式の精鋭特殊部隊をロシア軍内に設置するという構想を進めようとしていた。ロシアの特殊部隊といえばスペツナズが有名だが、これは敵の戦線後方で破壊工作などを行う軽歩兵部隊であり、基本的には大規模戦争の際に正規軍の作戦を支援する目的で投入される。これに対してマカロフが設立しようとしていたのは、有事と平時を問わずに投入できる最高指導部直轄部隊であったから、公式の戦争状態になくてもどこにでも投入できる民間軍事会社というアイデアは彼の関心に沿うものであったのだろう。

マカロフは、上司であるアナトリー・セルジュコフ国防相の汚職疑惑と愛人問題に連座する形で二〇一一年に軍を退くことになったが、彼の「平時と有事とを問わず投入できる戦力」という考え方自体は生き残った。それが参謀本部直轄特殊部隊である特殊作戦軍（SSO）と民間軍事会社ワグネルであり、両者は二〇一四年の最初のウクライナ侵略に投入された。当時、ロシア政府はウクライナへの派兵を否定していたから、まさにおあつらえ向きだったのだろう。

ワグネルの実態について、詳しいことはほとんどわかっていない。「プーチンのシェフ」とも渾名される外食王エフゲニー・プリゴジンが設立・運営資金を拠出したらしいこと、組織づくりを担ったのが元スペッツナズ将校にしてネオナチ思想の崇拝者であるドミトリー・ウトキン（作中で「ベートーベン」とされている人物）であること、基地がクラスノダール州モルキノに置かれているらしいことなどはよく指摘されるが、逆にいえば、はっきりしているのはこの程度だ。

さらにいえば、ワグネルという確固たる組織が存在しているのかどうかも近年では疑問視する声が挙がっている。例えば米『フォーリン・ポリシー』誌のエイミー・マキノン記者によれば、ワグネルという単一の組織は存在していない。マキノンが多くの研究者の見解を引用しながら述べるところによれば、ロシア政府が利用しているのは、複数の傭兵グループと経済利権グループを組み合わせた「ネットワーク」なのであって、ワグネルとはその全体を指す総称にすぎない、という。(2)

実際、ワグネルに身を投じるコントラクターたちの背景は様々である。ガビドゥリンのように軍隊で将校としての経験を積んだプロの戦士も居れば、まったくの素人が金目当てで志願してくるという場合もある。また、ウクライナで戦う傭兵たちに関しては、サンクトペテルブルクの超国家主義・ネオナチ組織「ロシア帝国軍」にルーツを持つことが指摘されてきた(3)。

ただし、「民間軍事会社ワグネル」がまったくの幻想かといえばそうでもない。彼らの多くは共通して髑髏《どくろ》マークのパッチを身につけており、そこには「殺しが商売。ビジネス順調」なる文句が共通して刻まれているからである。また、最近ではワグネルの傭兵たちが自らを「オーケストラ」と自称し、戦闘行為を「演奏活動」などと呼ぶケースがまま見られるが、これはワグネルの「社名」がドイツの作曲家リヒャルト・ワーグナーをロシア語読みしたものであることに因んでいるのだろう。ワーグナーはドイツの独裁者ヒトラーが愛した作曲家であり、それゆえにウトキンがその名を傭兵ネットワークの名前に採用したということらしい。仮に確固たる組織ではないとしても、ワグネルは一種の帰属感をもたらす「想像の共同体」のようなものではあるようだ。

ガビドゥリンにとってはこれがとても重要なものであった、ということは本書を読めば明らかである。愛する軍隊を上官とのトラブルで追い出され、何をやってもうまくいかない日々の末に殺人に手を染めたガビドゥリンにとって、ワグネルは生き甲斐そのものであった。だからこそガビドゥリンは何の公的権威もない勲章に感激し、戦友たちの献身を讃え、古き良き傭兵共同体が金目当ての連中に取って代わられていくことを嘆く。

こうしてみると、ガビドゥリンが本書の執筆を思い立った動機も理解できよう。彼にとって何より重要なのは戦士としての生き様なのであって、そのことを無視するクレムリンのお偉方の態度は我慢ならないものと映る。「俺たちはここにいる、俺たちはこうして戦っている」という、自己顕示欲とも違う自己主張が彼を突き動かしているのではないか。

それゆえに、ガビドゥリンの物語はそのまま素直には受け取れない。ガビドゥリンは自分たちがロシアによる侵略の尖兵としてウクライナに送り込まれることに疑問を抱いていないし、各地でワグネルのコントラクターたちが行ったとされる拷問や虐殺については「そういう奴もいる」ときわめてさらりと流している。彼が愛する戦友たちが実際にシリアの民間人に何をしていたのかは疑ってかかるべきだろう。

本書の底本となったフランス語版とは異なり、原著のロシア語版が一貫して三人称視点で書かれていることからしても、ガビドゥリンの語りはあくまでも「小説」として読むべきであると思われる。

それでも、本書には一種独特の魅力がある。その一つは、著者が元将校であるがゆえに、比較的大局に立ったものの見方と教養を有している点だ。ワグネルでの従軍経験者へのインタビューを読むと、自分が送り込まれた場所の名前さえロクに記憶していなかったり、細部の記述が非常に怪しいケースが多いのに対して、ガビドゥリンは自分が何のためにそこにいて、目的は何であり、何がうまくいったのか（あるいはうまくいかなかったのか）を非常に冷静に把握している。世界に冠たるロシア空挺部隊の将校らしさがここからは窺われよう。

また、一人の中年男としても、ガビドゥリンには奇妙なシンパシーを覚えずにはいられない。家族を養わねばならないのに無職である自分、無能な上官との衝突、言うことを聞かない部下たちとそれに厳しくあたれない弱さなど、本書を読んでいると、傭兵の世界も日本のサラリーマンとあまり変わらないのではないかとさえ思えてくる。別の言い方をすると、本書は単なる戦記ものであるだけでなく、一人の男の人生物語としても非常に「読ませる」のである。

二〇二二年二月二四日に始まったロシアの新たなウクライナ侵略には、ワグネル（と総称される傭兵ネットワーク）のコントラクターたちが多数投入された。特にウクライナ東部戦線では局地的にワグネルが主力を担っている戦線さえあるとされ、ここでは無数のガビドゥリンたちが血と泥に塗《まみ》れているのだろう。また、戦争開始後にはプリゴジンが刑務所をまわって囚人たちを募っている様子も度々報じられている。

彼らがウクライナ人の平穏な生活を破壊し、一国の主権を侵害し続けていることを考えるなら、そこに単純な同情を寄せることはできない。ただ、こうした「侵略者」の一人一人がかけがえのない人生や家族や思い出を持ち、そのすべてを戦場ですり潰している――と想像することはできる。彼らの戦いが報われることはなく、彼らを死地に送り出す大統領やプリゴジンがそのことを一顧だにしないであろうことも同様である。こうした戦争の手触りのようなものを遠い日本の我々が感じ取るならば、ガビドゥリンの物語にも何がしかの意義が生まれるのではないだろうか。

なお、本書の監訳に当たっては、フランス語から翻訳された日本語版と原著のロシア語版を付き合わせて作業を行なった。ロシア語からフランス語に翻訳される過程では、部隊の規模や階級などがかなりズレてしまっているケース(「中隊」が「連隊」になるなど)がまま見られたため、可能な限り修正したつもりであるが、おそらくは潰しきれなかったミスもあろう。この点は監訳の任に当たった筆者の責任である。

【脚注】

(1) 以下の経緯は、『The Bell』による調査報道に基づいている。著者のイリーナ・マルコワ(Irina Malkova) とアントン・バーエフ(Anton Baev) によると、記事の内容はバーロウとの会談に出席した三人の参謀本部将校の談話に基づいている。Ирина Малкова и Антон Баев, “Частная армия для президента: история самого деликатного поручения Евгения Пригожина,” *The Bell*, 29 January 2019. <https://thebell.io/41889-2>

(2) Amy Mackinnon, “Russia's Wagner Group Doesn't Actually Exist,” *Foreign Policy*, 2021・7・6, https://foreignpolicy.com/2021/07/06/what-is-wagner-group-russia-mercenaries-military-contractor/.

(3) Candace Rondeaux, Ben Dalton, and Jonathan Deer, “Wagner Group Contingent Rusich on the Move Again,” *NEW AMERICA*, 2022・1・26, https://www.newamerica.org/future-frontlines/blogs/wagner-group-contingent-rusich-on-the-move-again/.; Charlie Savage, Adam Goldman and Eric Schmitt, “U.S. Will Give Terrorist Label to White Supremacist Group for First Time,” *New York Times*, 2020・4・6, https://www.nytimes.com/2020/04/06/us/politics/terrorist-label-white-supremacy-Russian-Imperial-Movement.html.

■著者略歴

マラート・ガビドゥリン（Марат Габидуллин）

1966年生まれ。ロシア民間軍事会社ワグネルの元指揮官。リャザン空挺軍士官学校を卒業後、10年にわたってロシア軍空挺部隊に所属したのち除隊。クラスノヤルスク地方の犯罪組織「タタリーナ」に加わり、そのときの活動により3年間服役する。2015年ワグネルの一員となる。ウクライナ、その後シリアなどで指揮官として活躍した。2019年ワグネルを去る。2022年、初の自叙伝をロシアで刊行した。

■監訳者略歴

小泉　悠（こいずみ・ゆう）

1982年千葉県生まれ。早稲田大学社会科学部、早稲田大学大学院政治学研究科修士課程修了（政治学修士）。民間企業、外務省専門分析員、未来工学研究所研究員、国立国会図書館非常勤調査員などを経て2019年から東京大学先端科学技術研究センター特任助教、現在は講師。専門はロシアの軍事・安全保障。主著に『軍事大国ロシア』（作品社）、『「帝国」ロシアの地政学――「勢力圏」で読むユーラシア戦略』（東京堂出版、2019年サントリー学芸賞受賞）、『現代ロシアの軍事戦略』『ウクライナ戦争』（以上ちくま新書）、『ロシア点描』（PHP研究所）、『ウクライナ戦争の200日』（文春新書）等。

■翻訳者略歴

中市　和孝（なかいち・かずたか）

翻訳家。パリ第八大学数学科卒。訳書にジャン＝ガブリエル・ガナシア『そろそろ人工知能の真実を話そう』（共訳、早川書房）、ジャン＝バティスト・マレ『トマト缶の黒い真実』（翻訳協力、太田出版）、リュック・ベッソン『恐るべき子ども――リュック・ベッソン「グラン・ブルー」までの物語』（辰巳出版）。

Moi, Marat, Ex Commandant de l'Armée Wagner
by MARAT GABIDULLIN

ワグネル　プーチンの秘密軍隊

2023年２月10日　初版発行
2023年７月20日　再版発行

著　　者　マラート・ガビドゥリン
監 訳 者　小泉　悠
翻 訳 者　中市　和孝
翻訳コーディネート　高野　優
発 行 者　郷田　孝之
発 行 所　株式会社 東京堂出版
〒101-0051　東京都千代田区神田神保町1-17
電　話　(03)3233-3741
http://www.tokyodoshuppan.com/
装　　丁　斉藤よしのぶ
Ｄ Ｔ Ｐ　株式会社オノ・エーワン
地図制作　藤森　瑞樹
印刷・製本　中央精版印刷株式会社

ISBN978-4-490-21078-1 C0031